高等职业教育“十四五”规划教材

马匹护理技术

吕微蓉　李桉　阿拉西·阿滨　张小宇　张艳　主编

中国农业大学出版社
·北京·

内 容 简 介

本教材以解读国际马匹护理技术标准为主要内容，以国内外知名马术俱乐部马匹护理主要做法为参考，知识内容包括马匹刷拭技术、马匹洗浴技术、马匹蹄部护理技术、马匹其他护理技术。本教材既可以为职业院校学生在学校实训和企业实习提供支撑，也可以作为相关企业培训手册。本教材为校企合作共同开发，操作性、实用性、推广性强，是国内马专业职业教育教材的先行试点教材。

图书在版编目(CIP)数据

马匹护理技术 / 吕微蓉等主编. --北京：中国农业大学出版社，2024.12.
ISBN 978-7-5655-3348-8

Ⅰ. S821.4

中国国家版本馆 CIP 数据核字第 2024B5W669 号

书　名　马匹护理技术
作　者　吕微蓉　李桉　阿拉西·阿滨　张小宇　张艳　主编

策划编辑　康昊婷　　**责任编辑**　康昊婷
封面设计　郑　川　李尘工作室
出版发行　中国农业大学出版社
社　址　北京市海淀区圆明园西路2号　　**邮政编码**　100193
电　话　发行部 010-62733489，1190　　读者服务部 010-62732336
　　　　编辑部 010-62732617，2618　　出　版　部 010-62733440
网　址　http：// www.caupress.cn　　**E-mail**　cbsszs@cau.edu.cn
经　销　新华书店
印　刷　河北朗祥印刷有限公司
版　次　2024 年 12 月第 1 版　　2024 年 12 月第 1 次印刷
规　格　185 mm×260 mm　16 开本　9.25 印张　229 千字
定　价　29.00 元

编审人员

主　编　吕微蓉（新疆昭苏县职业技术学校）

李　桉（新疆农业职业技术大学）

阿拉西·阿滨（新疆昭苏县职业技术学校）

张小宇（内蒙古农业大学职业技术学院）

张　艳（新疆克拉玛依职业技术学院）

副主编　史莉华（新疆昭苏县技工学校）

曾亚琦（新疆农业大学）

李国俊（内蒙古农业大学职业技术学院）

张建臣（山东畜牧兽医职业学院）

付静涛（北京农业职业学院）

甫拉提江·艾力皮别克（新疆伊犁职业技术学院）

曾凯军（新疆木垒县中等职业技术学校）

张　婷（新疆呼图壁中等职业学校）

刘成立（新疆昭苏县职业技术学校）

古丽巴合提·叶金汗（新疆阿勒泰地区职业技术学校）

参　编　欧阳文（新疆伊犁种马场伊犁马测试调训中心）
刘　稳（新疆神木源马术俱乐部）
巴音别勒克（新疆昭苏县西域天马文化旅游有限责任公司）
李　海（新疆昭苏县畜牧发展中心、马业发展办公室）
乔春江（新疆昭苏县技工学校）
刘　莉（北京农业职业学院）
王雪竹（新疆农业职业技术大学）
任　湘（新疆马业协会）
班志强（新疆马术协会）
赵启军（新疆伊犁州教育局）

主　审　许彦云（新疆昭苏县教育局）

前　言

《马匹护理技术》是中高等职业院校马专业的核心课程教材，是新疆职业教育研究课题项目资助成果，本教材既适用于中高等职业院校现代马产业专业学生在校学习，又可以作为马产业企业新员工和马场职工培训手册，也适合从事马专业的员工和自由职业者开展自学，同时还适用于马术俱乐部员工教学使用。

学习本教材，能使学生掌握马匹护理的理论知识和各项技能操作；培养学生爱马、爱专业和服务“三农”的职业追求；培育学生人马和谐共处的安全意识；使学生及时学习掌握新知识并运用于岗位工作，达到从事马匹护理岗位综合职业能力目标。

本教材是中高等职业院校马专业课程教材中的核心专业教材。教材深入贯彻党的二十大“自信自强、守正创新、踔厉奋发、勇毅前行”精神，旨在通过知识传播和技能培养，增强学生的专业自信和文化自信，教材把知识点的学习与专业技能的训练有机地结合起来，从最有利于学生学习的角度来组织教材内容，充分体现“以学生为主体”的主导思想。在教材组织上帮助学生先会后懂、循序渐进，让学生在教师的引导和帮助下完成学习任务，通过具体的操作任务，让学生明确学习目标，激发学生实现目标的驱动力。本教材体例采取任务驱动，每项任务编排具体如下：任务介绍→任务解析→相关知识→任务实施→任务小结→拓展提高→课后自测及相关实训。本教材共有 4 个任务，任务 1 马匹刷拭；任务 2 马匹洗浴；任务 3 马匹蹄部护理技术；任务 4 马匹其他护理技术。

本教材编写分工为：任务一马匹刷拭技术，由李桉、吕微蓉、史莉华、王雪竹、张小宇、张婷编写；任务二马匹洗浴技术，由李桉、吕微蓉、张艳、阿拉西·阿滨、曾凯军、付静涛编写；任务三马匹蹄部护理技术，由李桉、吕微蓉、张建臣、李国俊、欧阳文、甫拉提江·艾力皮别克、刘成立、古丽巴合提·叶金汗、张婷；任务四马匹其他护理技术，由史莉华、曾亚琦、刘稳、巴音别勒克、李海、乔春江、刘莉、任湘、班志强、赵启军编写。主要审核人许彦云。

本教材在编写过程中参阅了国内外有关文献，并汲取了相关成果，在此，编者对这些文献的作者表示由衷的感谢和深深的歉意。

编　者

2024 年 6 月

目　录

任务1
马匹刷拭

任务介绍

马匹刷拭是马匹护理技术中非常重要的一项任务。每天刷拭马匹就相当于日常检查马匹身体状况,并且马匹也很享受在骑乘之前和骑乘之后进行的清理和刷拭。

学习马匹刷拭,学生需熟记马匹刷拭的作用和刷拭场地特点,熟悉刷拭工具和用法,并会制定马匹刷拭方案和熟记刷拭注意事项;正确选择马匹刷拭工具和场地,熟练操作马匹刷拭过程;培养学生热爱祖国,热爱马的理想信念,培养学生人马和谐共处的安全意识。

任务解析

一、任务完成的思路

马匹刷拭任务分三段式完成,课前、课中和课后,采取工学结合理实一体的授课方式。具体任务完成思路模式见图1-1。

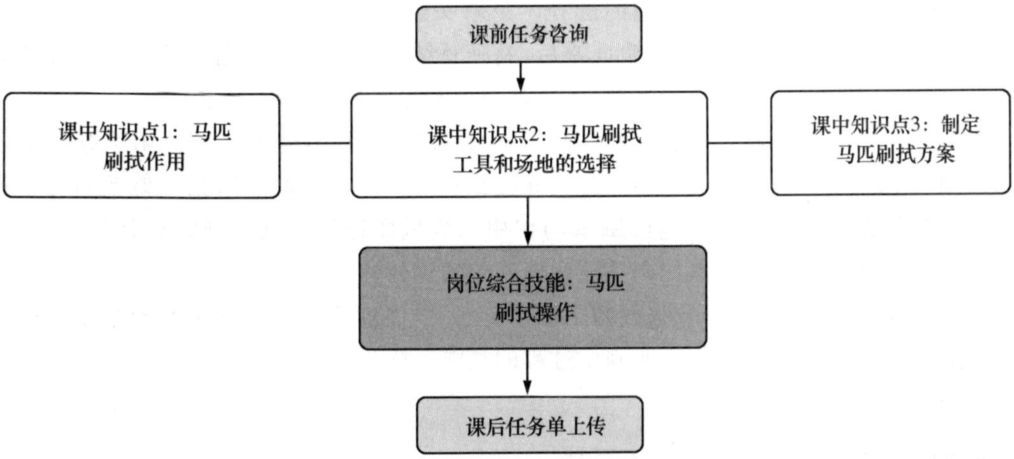

图1-1 马匹刷拭任务学习模式

二、任务完成目标

(一)知识目标

熟记马匹刷拭的作用和刷拭场地特点,熟悉刷拭工具和用法,并会制定马匹刷拭方案和熟记刷拭注意事项。

(二)技能目标

正确选择马匹刷拭工具和场地,正确操作马匹刷拭。

(三)素质目标

(1)培养学生热爱祖国,热爱新疆,树立中华民族一家人的意识。

(2)培养学生爱马护马的理念,培育学生人马和谐共处和站在他人的角度思考问题、照顾他人的意识。

三、任务完成路径

(一)课前

分发任务单,学生分小组通过网络资源和教材完成任务单资讯内容——马匹刷拭的作用。

(二)课中

(1)结合马匹刷拭内容与学生分享《万里送军马,多难兴中华》的故事,让学生明白祖国才是我们坚强的后盾,培养学生热爱祖国,树立中华民族一家人的意识。通过马匹刷拭技术的学习,培养学生爱马护马的理念,培育学生规范操作的安全意识,从而达到本项目素质目标。

知识点 1:马匹刷拭作用。在智慧教室采取观看马匹刷拭前后的图片引入知识点 1,学生分小组展示任务单咨询内容,教师给予补充。

知识点 2:马匹刷拭工具和场地的选择。采取头脑风暴法提问学生,马匹刷拭工具有哪些?如何选择合适的刷拭场地?学生回答后,教师总结归纳马匹刷拭用到的工具和合适的场地选择,学生分组讨论完成课后自测题,各组互相批改并进行汇报,教师点评。

知识点 3:制定马匹刷拭方案和列举出刷拭注意事项,各小组通过讨论用思维导图的方式,在白纸上展出各组完成的马匹刷拭方案和刷拭注意事项,教师点评,指出修改意见。各组把完善后的方案上交,实现熟记马匹刷拭的作用和刷拭场地的特点,正确识别刷拭工具和用法,并会制定马匹刷拭方案和熟记刷拭注意事项的知识目标。

(2)课中技能点在实训室完成,教师采取示范法、技能训练法和考核法实现学生正确选择马匹刷拭工具和场地,正确操作马匹刷拭过程的技能目标。

(三)课后

完成项目化作业单并上传至学习平台。

相关知识

一、思政故事

1976 年 7 月 28 日凌晨，一场 7.8 级毁灭性地震袭击唐山，顷刻间，山崩地裂，房屋倒塌，城市瞬间被夷为平地，人员伤亡惨重。唐山人民所遭受的巨大劫难牵动着全国人民的心，一方有难八方支援。中国人民解放军新疆军区接到国务院和中央军委下达的任务：无偿支援唐山地震灾区 4 550 匹军马，帮助灾区人民尽快恢复生产建设。任务被分配到新疆 4 个军马场，其中昭苏军马场承担了 3 000 匹军马的筹集和运送任务。为了减轻灾区人民负担，部队党委决定将马匹直接送到唐山。

1976 年的 10 月，昭苏军马场的职工们不顾严寒，在冰天雪地里加紧选马。共计挑选出膘肥体壮、3 岁以上 9 岁以下的军马 3 000 匹。30 多名畜牧兽医工作人员又连续作战 6 d，完成了对数千匹马的入圈、固定、采血、化验等多项工作及对所有马匹的检疫。

受到当时物资匮乏、交通工具落后的限制，这些马匹需要人工赶送到乌鲁木齐市，再乘火车到唐山。从昭苏县到特克斯县，再到新源县，翻越冰达坂到南疆，然后到乌鲁木齐市，有近 1 200 km 的路程。这几乎是不可能完成的任务。

为了让马经得起穿戈壁滩、越冰达坂、万里征途的考验，昭苏军马场将这些选出来的马编群放养，选最好的草场，让马长得更壮实。同时将送马队伍共分为 3 个小组，先遣组负责探路踩点和安排食宿，指挥组负责协调联系各方，送马组负责赶马。为保证把马送到唐山时不少一匹，昭苏军马场党委又反复研究，另外选择了 60 多匹马随群上路备用。

经过近 9 个月的准备，1977 年 6 月 20 日，昭苏军马场支援唐山人民的 20 群马匹启程了。考虑到沿途草场和随行保障能力有限，20 群马只能分成 18 个小组按批次错开走。每个马群配有牧工、兽医 8 人，负责 200 多匹马的管理，由班长统筹。马群之间间隔 2 km 左右，每个马群由 2 人在前面带路，后面 2 人收尾，中间 3 人赶马，还有机动人员负责联络和马群保障工作。

一路上翻越冰达坂，穿过无人区，狂风暴雨，沼泽连片，狼群出没……一次，20 匹战马掉进沼泽，送马人员毅然跳进沼泽，奋战数小时，将军马一匹不少地救了上来。

历经 51 d，跨越 1 200 km 路程，马群安然无恙抵达乌鲁木齐市。

之后，送马干部、解放军战士和牧工与军马一起吃住在火车车厢里，前往唐山。似火的高温、刺鼻的粪便味道，此刻都抵不过每一匹马的健康。经过 6 个昼夜的精心押运，所有马匹终于平安抵达唐山。昭苏军马场的 3 000 匹军马不仅一匹没少，而且还产下了 7 匹小马驹。这些马到了唐山灾区，立刻开始拉运物资、耕作田地，为唐山地震后的重建做出了巨大的贡献。

灾难可以摧毁一座城，但它毁不掉中国人心中的城。“万里送军马，多难兴中华”，至今提及这段 96 人 60 个昼夜把 3 000 匹伊犁马从昭苏运往唐山参与震后重建的历史，依旧令人感慨万千。万里送马到唐山见图 1-2。

图 1-2　万里送马到唐山

后记：2021 年 8 月 29 日，在昭苏、唐山等地多方努力下，昭苏军马场支援唐山震后重建送马队伍中的成员代表——78 岁的吐尔逊·阿尔太和 82 岁的加合斯勒克·哈依萨尔重返唐山，开启跨越近半个世纪的故地之旅。

二、马匹护理者的角色

(一)马匹护理活动的执行者

马匹护理者是整个护理活动的执行者，为达到马匹护理目标而将护理计划中各项措施付诸行动，包括各种马匹护理活动，以解决护理问题，记录护理活动的结果及马匹反应。执行过程的要点是使马匹护理行为个体化、安全化。执行的质量与马匹护理者的理论知识和操作技术两方面的水平有关。

(二)马匹健康咨询者

马匹护理者运用沟通技巧，与马匹管理人员交流马匹健康信息，通过解答马匹管理人员的问题，能帮助马匹管理人员更好地照料马匹，更好地预防马匹疾病的发生。使马匹的治疗、护理效果更令人满意，减少马匹由疾病引发的各种并发症。

(三)马匹护理研究者

目前我国马匹护理尚处于起步阶段，有许多问题仍需研究探讨，如马匹护理中的法律观念、马匹护理的内容与质量评价体系等。马匹护理者应从事相关研究，形成能真正指导马匹护理实践的护理理论，推动我国马匹护理实践的发展。

三、马匹护理者的素质要求

(一)热爱马匹，尊重马匹

马匹护理者首先要重视动物福利，爱护马匹，尊重马匹。马匹护理者只有具有爱心和同情心才会真正体会到马匹护理的意义，才会发自内心地去给予马匹帮助。只有发自内心地爱护马匹，对马匹产生感情，才会和马匹建立平等友爱的关系，使马匹产生安全感、满足感，达到人马亲和，从而使马匹配合治疗和护理。

(二)对事业高度的责任感

马匹护理工作有一定的复杂性和危险性，因为马匹处于无知、无语的状态中，有时不能配合护理工作，甚至有可能对护理人员发起攻击，造成危险。这就要求马匹护理者具有高度的事业责任感，对马匹进行认真、细致的观察，及早发现问题，尽早进行治疗与护理。

(三)有丰富的科学知识

马匹护理者不但要具备一定的马匹护理理论知识和技能，而且要掌握马匹常用药物的剂量、作用及用法，保证用药的安全；随着兽医科学的发展，马匹的护理技术、抢救技术及先进的检查技术发展迅速，马匹护理者必须熟练地掌握这些相关的技术，才能在护理工作中减轻患病马匹的痛苦，取得最佳护理效果；马匹护理者也要勇于创新进取，开展护理科研工作，以适应新世纪马匹护理工作的需求。

马对人的态度好恶分明，它在同人的接触与合作中有着十分苛刻的条件。首先必须能够驾驭它，而在这个过程中，仅靠勇敢是不够的；还要有技艺，要向马展示你的智慧，然后才是你的抚爱和关心。人只有赢得了马的信任，马才会对人产生依赖与亲密感。这其实是对马匹护理者提出的更高要求。

任务实施

刷拭是马匹最重要的护理技术，是马匹护理者必须掌握的一项基本功。

一、知识点

(一)马匹刷拭作用

马匹刷拭是指利用工具对马匹的被毛、鬃毛、尾毛和肢蹄等进行清洁护理的日常事务。每马每天至少刷1次，时间不少于20 min。可随时刷马，全天保持马匹体表光洁。

1.使马匹体表清洁

这是马匹刷拭的基本作用。通过使用各种刷马工具，去除马匹在马厩内沾污的垫料、沾染泥土和粪尿等污物，或运动训练过程中沾染的泥土、砂砾、汗液等污物，使马匹保持体表整洁，从而避免其患上各种皮肤和被毛的疾病。

2.按摩肌肉筋腱

马匹刷拭过程中，通过刷拭工具与马匹体表的不断接触、按压，从而起到按摩马匹肌肉筋腱的作用，这对于缓解马匹运动产生的疲劳有显著的效果。因此，不仅在运动之前要进行刷马，运动结束后更需要刷马，这可以促进马匹运动疲劳的恢复。

3.检查全身每个部位，及时发现马匹伤病，及早治疗和处理

马匹有些细微的伤病由于位置比较隐蔽或者被马毛遮盖容易被忽视，造成病情延误或加重。而在马匹刷拭过程中，在清洁和按摩马匹的同时也应翻开马匹被毛，及时发现隐藏在被毛下面细微的伤病，及早治疗和处理。因此刷马过程中要强调“眼手合一”，即手刷到马匹哪里，眼睛就应该看到哪里，观察到哪里，只有这样才能真正起到刷马的作用。

4.达到人马亲和

一般情况下，马匹是很享受刷拭过程的。刷马的过程，实际上是人与马相互交流的过程，

人在刷马过程中，通过语言与马交流，虽然马匹听不懂人类的语言，但是能感受到人对它的照料与爱护，从而加深对人的依恋，建立人马亲和。只有建立人马亲和，马匹才会配合人类，这对管理与调教马匹是非常重要的。

（二）马匹刷拭场地的选择

马匹刷拭场地的地面要求安全、干净、防滑，有固定的马匹保定区域。一般情况下，简单的日常马匹刷拭通常选在马房或马房通道，运动和比赛后的马匹刷拭选在马场固定的场地。马匹刷拭场地见图 1-3。

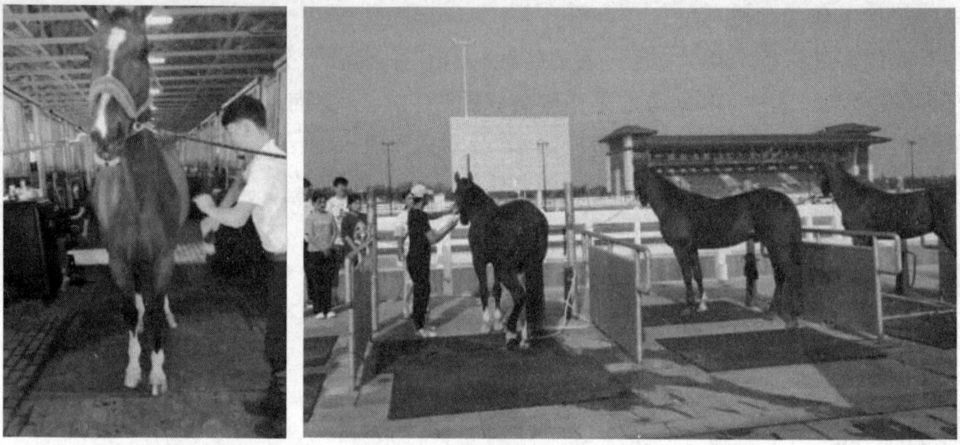

马房通道　　固定场地

图 1-3　马匹刷拭场地

（三）马匹刷拭用具

马匹刷拭的常用工具包括：橡胶刷、硬毛刷、软毛刷、毛巾、海绵、尾毛梳、鬃毛梳、金属刷（铁刮子）、蹄钩、蹄油和蹄油刷等。另外，还有梳理手套、脸刷、水刷等。

1. 橡胶刷（按摩刷）

橡胶刷又称按摩刷，为橡胶制椭圆形锯齿状刷。一般用于马匹身体大面积、大肌肉群的刷拭，如颈部，肩部、臀部等部位，可除去被毛中较深层的粪便、泥沙等污物。同时也有按摩马匹体表，促进血液循环的作用。在马匹日常护理中广泛使用。橡胶刷见图 1-4。

图 1-4　橡胶刷

2. 硬毛刷

硬毛刷的质地坚硬，刷毛较长，刷毛有天然毛料的，也有合成纤维的。一般用于刷去被橡胶刷翻出的马匹被毛深处的粪便、泥沙、浮灰等污物以及脱落的被毛。不要用于刷拭头部、骨头突出的部位、鬃毛和尾毛，剃毛后的马匹不建议使用。硬毛刷见图 1-5。

马毛，较软　　混合天然纤维，较硬　　合成纤维，较硬

图 1-5　硬毛刷

3. 软毛刷

软毛刷刷毛柔软且稠密，刷毛有羊毛的，也有合成纤维的。主要用于刷去硬毛刷刷拭过后残留在马匹被毛表面的灰尘、皮屑等细小污物。也用于刷拭马匹面部和腿部，或敏感、皮肤层薄的马匹。使用软毛刷时注意不可过度使用，特别是在户外运动前，避免刷去过多的油脂，破坏马匹保暖、防水保护层。软毛刷见图 1-6。马匹刷拭应坚持：先左后右，从上到下，从前到后的原则。

羊毛(1)　　羊毛(2)　　合成纤维

图 1-6　软毛刷

4. 金属刷(铁刮子)

金属刷又称铁刮子，主要用来清洁使用过的刷子或梳子上积存的马毛、污垢和杂物。需要指出的是，金属刷绝对不能用在马的身体上。金属刷见图 1-7。

图 1-7　金属刷

5. 鬃毛梳

鬃毛梳分两种，一种是用于梳鬃毛的，材质一般为银色铝制品，经久耐用。另一种是用于编发辫的，材质一般为塑料制品。鬃毛梳梳齿间隙较窄，方便梳理。鬃毛梳和编发梳见图 1-8。

1.鬃毛梳　2.编发梳　3.编发梳

图 1-8　鬃毛梳和编发梳

6. 尾毛梳

尾毛梳又称为马尾梳，一般用来梳理和理顺马匹尾毛。尾毛梳一般为短柄双环铁制梳，梳齿间隙较大，方便梳理较多尾毛，以防止尾毛卡塞梳齿。尾毛梳见图 1-9。

图 1-9　尾毛梳

7. 毛巾

刷马过程中，毛巾使用次数较多，主要有三个方面的作用：第一，清除硬毛刷、软毛刷刷拭后残留在马匹体表的微小灰尘，并将马匹被毛抚平。第二，可用于清洁马匹面部、鼻孔及嘴唇。第三，可用于清洁马匹大腿内侧、肛门周边。注意清洁马匹面部和肛门的毛巾不能混用。毛巾见图 1-10。

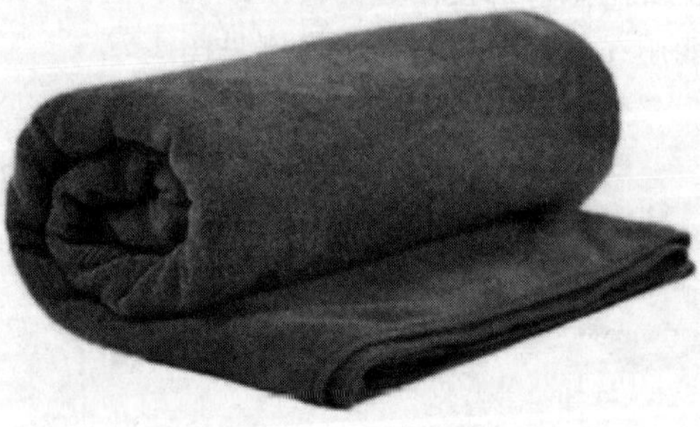

图 1-10　毛巾

8. 海绵

其作用主要在于清洁马匹面部或肛门。在刷马过程中，海绵和毛巾可以互相替代。与毛巾相同，清洁马匹面部和清洁马匹肛门的海绵不能混用。海绵见图 1-11。

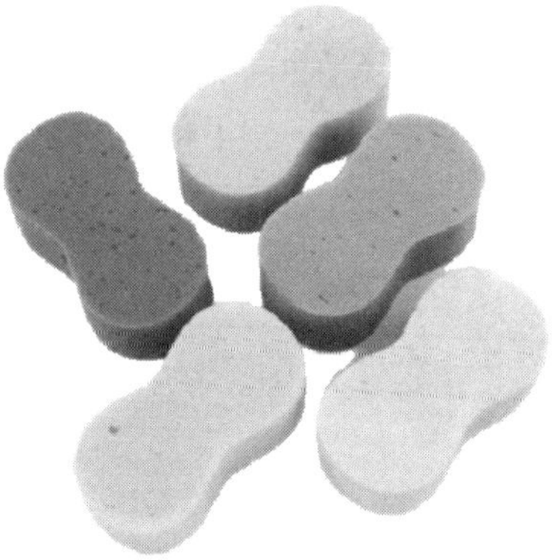

图 1-11 海绵

9. 蹄钩

蹄钩是用来抠出蹄底异物。蹄钩见图 1-12。

图 1-12 蹄钩

10. 蹄油和蹄油刷

用于给马蹄上油，保持蹄子的健康、清洁，可以让马蹄“呼吸”。这项工作不用每天都做，应根据马蹄的实际情况上油。蹄油和蹄油刷见图 1-13。

图 1-13 蹄油和蹄油刷

现代马匹护理工具种类较多，另外还有用于盛放马匹蹄部清除出来的杂物的抠蹄盆，用于梳理尾毛、鬃毛的梳理手套(也可用于按摩),用于给马刮去汗液或水渍的汗刮(水刮),专用于脸部特别敏感部位的脸刷,用于沾水清理被毛上的粪渍或润湿鬃毛、尾毛的水刷等。马匹刷拭其他工具见图 1-14。

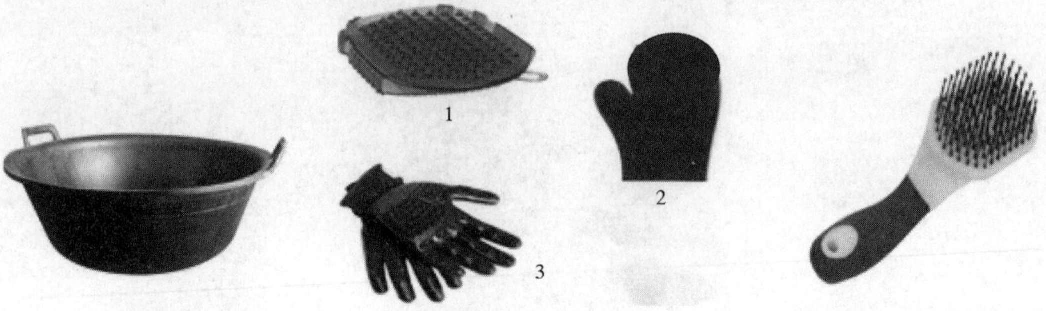

抠蹄盆　　梳理手套(按摩手套)　　尾毛梳(鬃毛梳)

图 1-14　其他刷拭工具

(四)马匹刷拭原则

马匹刷拭一般遵循先左后右,从上到下,从前到后的原则。

(五)制定马匹刷拭方案

以运动后的马匹刷拭为例,制定一份刷拭方案。

1. 马匹刷拭前的准备工作

(1)场地准备。选择好室外固定场地,最好有喷淋系统,方便冲洗。

(2)工具准备。选择合适的马匹刷拭工具,放在马匹刷拭工具袋(箱)中,拿到刷拭场地。

(3)拴系马匹。给马戴上笼头,把马牵到刷拭场地,并将其拴在安全绳上。

2. 刷拭流程

(1)通过抚摸建立人马亲和,同时对马匹全身进行一个简单的检查。

(2)刷拭被毛。先使用按摩刷(橡胶刷),按照颈部—肩部—前肢—背部—腰部—腹部—臀部—后肢的顺序,从左往右,从上到下,从前到后,依次将马匹被毛深层的污垢刷出。再用硬毛刷、软毛刷将清洁出来的污垢刷拭掉。

(3)整理鬃毛和尾毛。用鬃毛刷或尾毛刷轻轻梳理鬃毛和尾毛,去除杂质、梳顺结节。

(4)清洁面部、肛门及尾根。一般需要准备至少 2 块毛巾或海绵。一块用于擦拭马的眼角,一块用于擦拭马匹鼻子,另一块用于擦拭马匹尾根部。

(5)抠蹄。使用蹄钩清除马蹄里的泥土和杂物,如有污泥,用水和蹄刷仔细清洗。

(6)刷蹄油。使用蹄油刷均匀地给马蹄刷拭蹄油。

(7)清洁及收纳刷拭工具。清洁所有使用过的工具,并进行收纳,以保持马匹健康。

在马匹刷拭中,有些人习惯先抠蹄,有的人习惯最后抠蹄,两者没有对错之分。

(六)马匹刷拭的注意事项

(1)在刷拭的过程中,要注意观察马匹反应(刷拭哪些部位马喜欢,哪些部位不怎么喜欢甚至反感)。刷马时要用力适中,不可过轻或过重。刷马时如果用力过轻就会给马瘙痒的感觉,马匹以为人在跟它开玩笑;如果用力过重则会弄痛马匹,马感到不舒服就会产生抵抗情绪。

(2)在刷拭马匹过程中,遇到马的敏感部位,如眼睛、耳朵、嘴唇、腹部、腋下、四肢下部等地方,要用手先抚摩,给它充分的准备,降低敏感性后,再去刷拭,动作要缓慢而轻柔。如果让马觉得危险或难受,会导致马匹受惊,甚至造成危险。刷拭马匹时,了解马身体的哪些部位敏感,哪些部位不敏感,有助于恰当地选用马刷拭工具和辅助的刷拭方法。具体马各部位的敏感度见图 1-15。

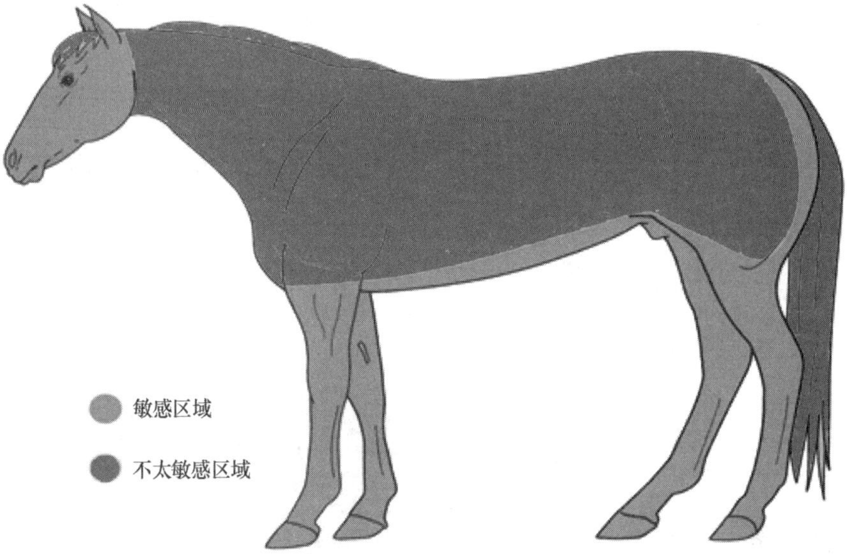

图 1-15 马各部位的敏感度

(3)从马身后换到另一侧时,要保持安全距离,即离开马后肢的波及范围。对于建立起信任的马匹也可以从马头下面穿过,或者将手搭在马的屁股上转到另一侧。

(4)如果马尾有虫子的话,要小心避让,以免马尾巴扫到脸上。

(5)刷拭马匹时还要当心被马头撞到。马时常会无恶意、无心地突然来撞一下,因此即便是在爱抚它的时候也要保持警惕。

(6)马匹的皮毛成分中含有天然的油,在寒冬腊月起到保暖作用。刷拭马匹的时候要尽量确保油分不被刷掉,尤其是刷拭要到户外活动的马匹、被剃毛的马匹以及小马。冬天的时候要避免使用软毛刷,因为它会比硬毛刷带走马匹被毛中更多的油分。

(7)比赛前不要用橡胶刷刷母马的后躯。按摩作用可能会引起发情,影响比赛成绩。

(8)刷拭马头面部时一定不要站在马头的正面,要站在马头的侧面,防止被马头打着。

(9)刷马过程中避免用有害的清洗液,这个主要是防止有害清洗液对马匹的伤害,特别是马匹的眼睛、嘴唇等部位不能接触有害清洗液。

(10)刷擦拭马尾时,如果马匹有蹭尾巴的现象,要分辨是哪种原因造成的并及时治疗,避免因蹭尾巴而造成尾巴根部溃疡或炎症。如果是寄生虫引起皮肤瘙痒,要按时给马匹驱虫。泥垢或马尾干燥也会造成马匹蹭尾巴。

(11)打理马尾的时候不要站在马匹的正后方,而应站在侧面。

(12)刷马时要注意马匹保暖。尤其是被剃毛的马匹、生病的马匹或者天气很冷的情况下,刷拭时可以给马披上马衣保暖。

二、马匹刷拭技术操作

(一)刷马前的准备

1. 选择场地

选择马房通道,或者室外固定场地,或者专门的马房洗浴间。将场地进行简单的清理,去除不安全因素,确保场地安全、干净、安静、平坦。

2. 选择马匹刷拭工具

将选择好的合适的工具放在工具袋(或者箱子、网篮)中,把刷拭用具带到刷拭场地。刷拭工具袋(箱)见图 1-16。

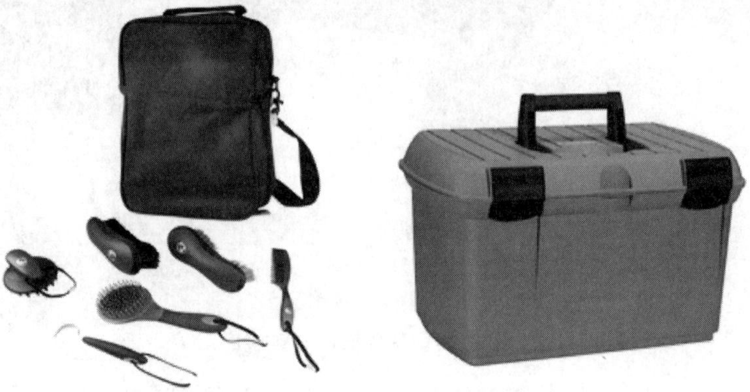

图 1-16 马匹刷拭工具袋(箱)

3. 拴系马匹

在选好的刷拭场地把马拴系到栓马环上,带上笼头,栓系得要相对短些,等刷到脸部时可以拴系长一点。时刻保持环境和马匹安静。

(二)马匹刷拭

马匹刷拭一般分为日常刷拭和全面刷拭。

日常刷拭在运动前进行,通过使用按摩刷和硬毛刷刷拭被毛,用海绵或毛巾清洁眼睛、鼻子、嘴巴和尾根。整理鬃毛和尾毛,抠蹄使马匹保持基本的体表整洁即可。刷拭过程大概耗时 20 min。

全面刷拭通常在运动后进行,此时马体温热、毛孔扩张,污垢附于马体表面,进行全面刷拭是对马匹最好的护理。全面刷马包含拍打、按摩,大概耗时 30 min。

对于刷马的顺序,存在一定的争论,并没有一个公认的统一标准,不同的马场,不同的马匹管理人员采取的刷马顺序都不尽相同。一般来说,比较通行的刷马顺序为:

1. 刷拭被毛

(1)橡胶刷刷拭全身。首先站在马的左侧,用橡胶刷逆马毛方向在马身上以连续划圈或划弧的动作做圆形运动刮拭，就像犁地时，将地下的土壤都翻上来一样，这样做可以刮擦或翻出马毛中间的脏物、灰尘、泥土、沙子、皮屑等。从一侧刷到另一侧，从上刷到下，放松污垢、毛发，刺激皮肤分泌代谢物。

刷拭时执刷手要伸直，以便刷拭时发力，同时方便时刻观察马后躯的动作。另一只手推动马匹远离自己，以便和马匹保持一定安全距离，防止被马匹踢伤或咬伤。

刷拭马匹体表面积较大的部位，如背部、腹部等部位时，可以划圈动作进行刷拭。刷拭体表面积较小部位，如颈部、四肢等部位时，可以划弧动作进行刷拭。

刷拭骨头突出位置，以及马匹下腹部、四肢下部等马匹敏感部位时，刷拭动作要轻柔，防止马匹受到刺激；此外，马匹头部、脸部禁止用橡胶刷刷拭。

橡胶刷刷拭顺序如下：马匹颈部→肩部→前肢→背部→腹部→臀部→后肢。橡胶刷刷拭马匹见图1-17。

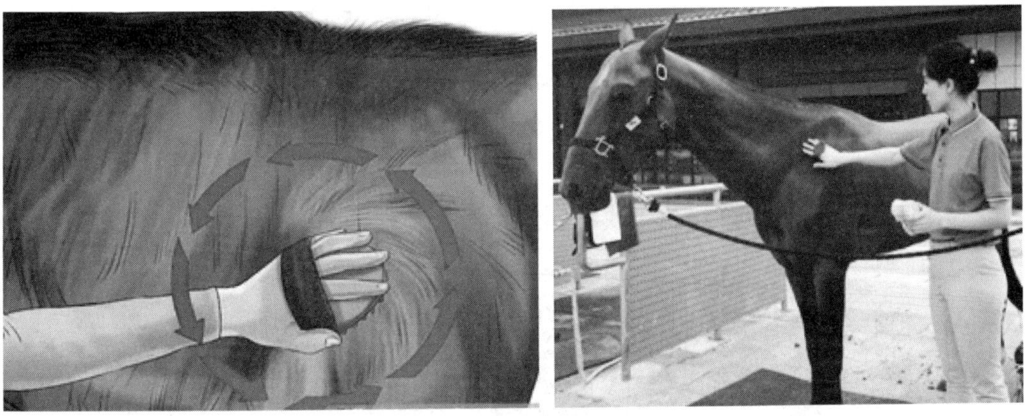

图1-17　橡胶刷刷拭马匹

(2)硬毛刷刷拭全身。用硬毛刷顺马毛方向将橡胶刷刮、翻出的泥土、沙子、皮屑等脏物刷掉。刷拭的动作要简短有力，像拿着扫帚扫地那样，顺着马毛方向快速甩带。如果动作太慢，污物出不来而只是在马毛中间被推来推去，达不到清洁的效果。刷拭的力度要适中，过轻会刷不掉脏物，过重则会让马难受。不要用硬毛刷刷拭头部、腹部、鬃毛和尾毛。刷拭的顺序与要求和橡胶刷一致。硬毛刷刷拭马匹见图1-18。

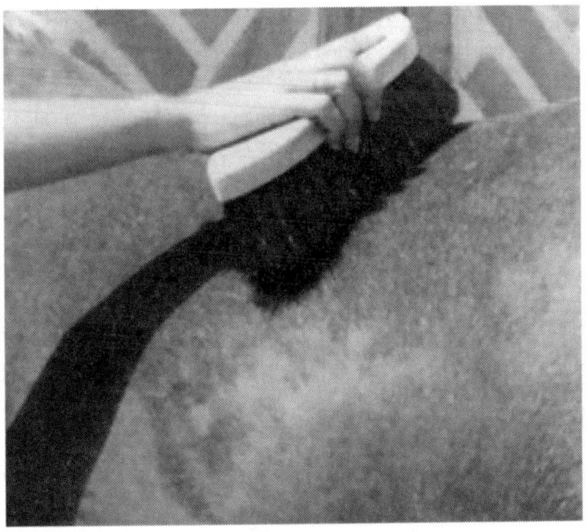

图1-18　硬毛刷刷拭马匹

(3)软毛刷做被毛清洁。用软毛刷顺马毛方向做最终清洁的扫尾工作。通过软毛刷细小致密的刷毛将硬毛刷刷拭过后遗留下来的细小灰尘和皮屑刷拭干净。刷拭时注意动作要像拿着扫帚扫地那样,有快速的甩带动作,这样软毛刷就可以带出硬毛刷漏掉的细微灰尘,可以让被毛恢复平整服帖,增加被毛的光亮。

另外,使用软毛刷刷拭时,也可以先逆毛刷出,再顺毛拉回。逆毛刷可使马毛蓬松,擦起尘土和皮垢,顺毛刷可以刷掉已经松弛起来的皮垢和尘土。

当软毛刷上脱毛或污物堆积较多时,将软毛刷子在铁刮子(金属刷)上刮 2~3 下,去掉刷子上的脱毛和尘土,然后再刷。

软毛刷刷拭的顺序与要求和橡胶刷、硬毛刷一致。

每次刷马,都要刷到马体没有尘土为止。软毛刷刷马头见图 1-19。

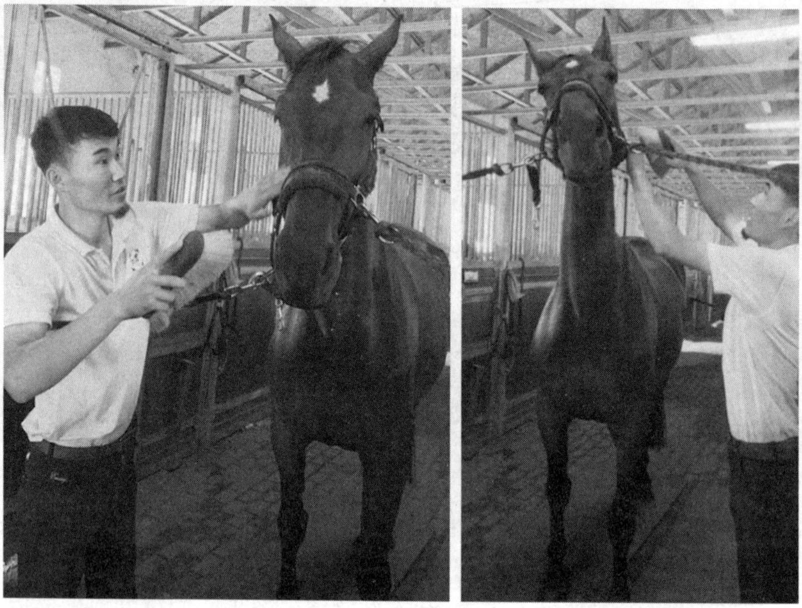

图 1-19 软毛刷刷马头

2.清洁、梳理鬃毛和尾毛

(1)清理鬃毛。先使用硬毛刷将鬃毛上的污物、灰尘、草料刷掉,再使用鬃毛梳梳理。先将所有鬃毛拨到马脖子的一侧,先用手指将鬃毛分层,每次用手抓住一小撮,用鬃毛梳从鬃毛的顶端用力疏通,每梳通一小撮就拨回去。这样一小撮一小撮,直到把全部鬃毛梳理完毕。

(2)清理尾毛。站在马匹的侧面并用手抓住马的整条尾巴,先用手将马尾毛打结处梳理开,用硬毛刷将粘在马尾上的垫料及异物刷拭掉,再用尾梳自下向上梳。先梳通马尾最底端的一小部分,再梳稍靠上的一小部分,一小部分一小部分地向上,直到把整条马尾梳通。梳的时候注意不要硬拽尾毛,不能使用橡胶刷。如果马尾巴毛不多或者比较干净,可直接用手进行梳理。可以使用硬毛刷按摩刷拭马尾根部,这样可以清理让马匹瘙痒的泥垢和皮屑,同时也可以促进血液循环,刺激毛发的生长。马尾不需要每天打理。过于频繁地打理马尾会使马尾变得越来越薄、易断,而马尾需要数年的时间才能长回原来的长度。清理马尾见图 1 20。

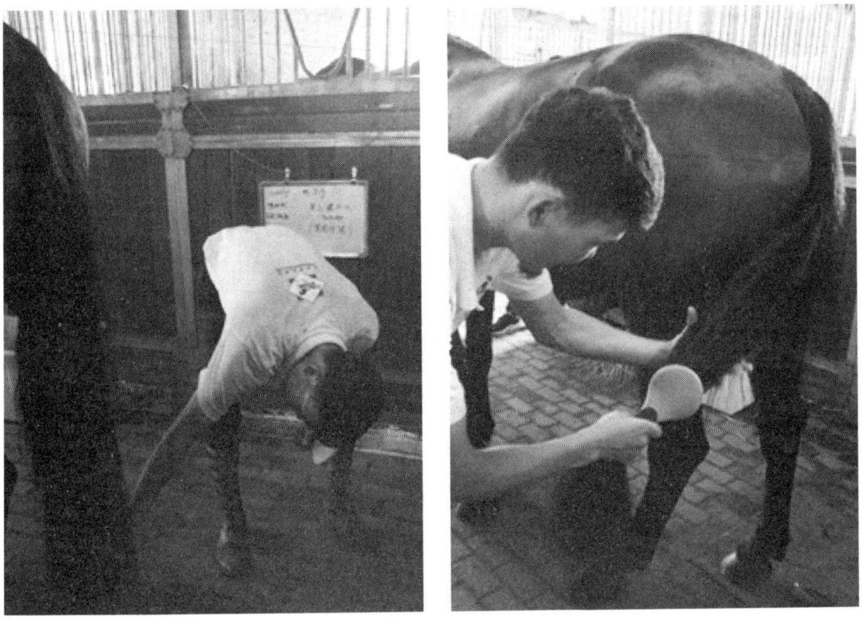

图 1-20　清理马尾

清理马尾后，如果马尾过长，可以打一个松的结，也可以通过编辫子、包裹、装袋三种方法将马尾保护起来。为了让马尾看起来更整洁，可以剪掉侧边长出的部分。马尾打结和马尾包裹见图 1-21 和图 1-22。

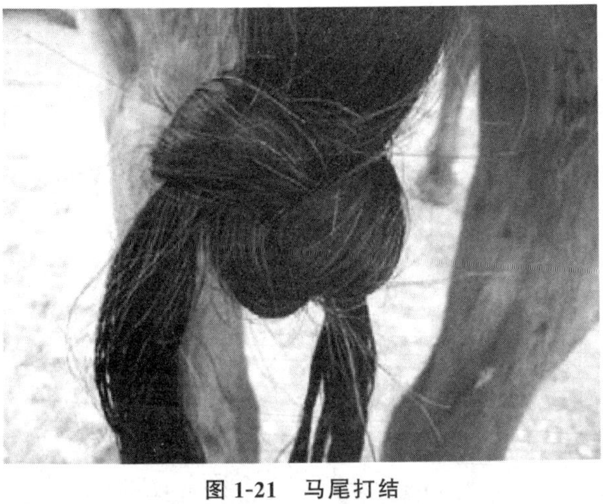

图 1-21　马尾打结

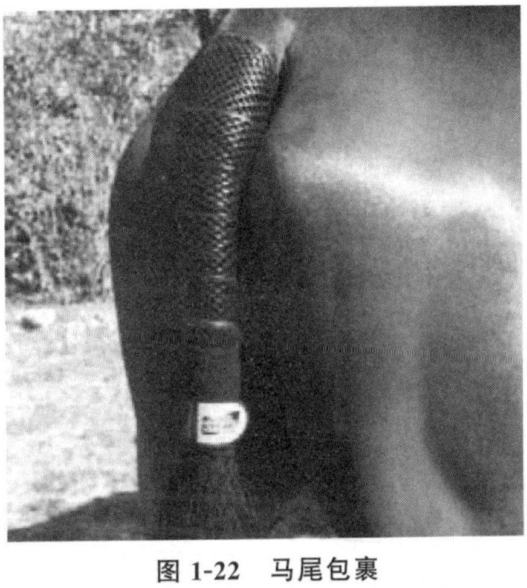

图 1-22　马尾包裹

3. 清洁面部、肛门及尾根处

(1)清洁面部(包括耳眼口鼻)。准备一块湿润的海绵或毛巾，拧干海绵或毛巾中的水，使其保持柔软、干净和潮湿。从眼部开始清洁，眼部清洁干净后，将海绵或毛巾洗净、拧干再清洁口鼻部。具体操作步骤：把马笼头松开，一只手扶着马的头，另一只手用软毛刷刷拭头部，用海绵清洁眼睛、鼻子和嘴巴后，重新把马拴好。清洁马匹面部见图 1-23。

清洁面部顺序如下：松开马笼头→手扶马头→清洁眼睛、鼻子和嘴巴及面部→拴好马，系上笼头。

图 1-23 清洁马匹面部

(2)清洁肛门及尾根处。准备一块湿润的海绵或毛巾(不能与清洁面部的毛巾或海绵混用)。一只手持毛巾站在马的一侧,另一只手尽可能高地举起马尾,轻轻地把肛门周围和尾根下无毛处的皮肤清洁干净。清洁过程中要注意动作缓慢轻柔,不要让马觉得危险或难受。马的耳朵异常敏感,在清洁时要格外注意,如果是未经调教的马匹会抗拒对耳朵的清洁。清洁马匹肛门见图 1-24。

清洁肛门顺序如下:正确站在马的一侧→高举马尾→擦拭肛门周围和尾根下无毛处的皮肤。

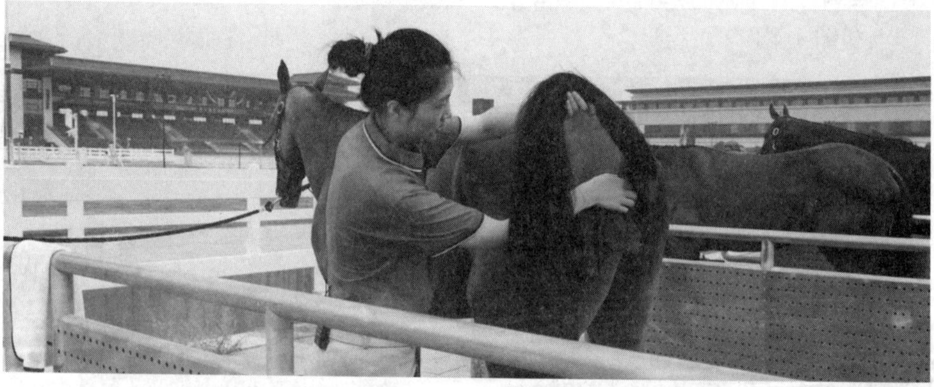

图 1-24 清洁马匹肛门

4. 抹拭全身浮尘

最后使用一块干净、湿润的毛巾,顺着被毛方向将马匹全身抹拭一遍,将被毛上的浮尘抹干净,并使被毛服帖、美观、有光泽。抹拭顺序与毛刷刷拭顺序一致,抹拭马匹腹部、四肢下部等马匹敏感部位时,动作要轻柔。马匹全身浮尘抹干净见图 1-25。

图 1-25 马匹全身浮尘抹干净

5. 清蹄(也叫抠蹄)

一般刷拭马从清蹄开始。由于马蹄独特的“凹”结构,难免会藏污纳垢,以正确的方式清蹄,一方面有助于保持马蹄的干净，防止病菌滋生，马蹄腐烂；另一方面有助于发现马蹄内有无异物或者钉子等硬物，避免对马蹄造成伤害。

一般清蹄都是先从马匹的左前蹄开始，蹄钩放在方便护理人员放置抠落异物的位置。右手拿起蹄钩，左手从马匹的肩部慢慢摸向腿部，当摸到球节时，轻轻抬起马蹄；左手向下握住左前蹄的系部，用右手进行抠蹄。有的马匹会主动抬蹄，有的马匹会抗拒。如果马匹不主动抬蹄就用左手捏或者拍几下球节后，再用手轻轻提起。

清蹄从蹄踵开始，顺着蹄叉的一侧抠向蹄尖（这样可避免刺激马蹄叉的敏感部位而减少风险），将粘在马蹄底部的粪便与污垢抠出。然后顺着蹄叉的另一侧重复操作，直到将蹄底和蹄叉部位都清理干净。查看是否有蹄叉腐疽，轻敲马的蹄钉查看是否松动，最后看蹄钉的末端弯曲部分是否翘起。查看完毕，轻轻地放下马蹄后再去准备抠另一只马蹄。为了保持马厩环境的清洁，马蹄清理要在马出厩之前完成。抠蹄结束后，可用清水冲洗蹄部。

注意抠落下来的异物要直接放进抠蹄盆。抠完蹄后，抓着马蹄的手不要直接松开，否则会引起马匹受惊或不适。

清蹄顺序如下：左侧前蹄→右侧前蹄→右侧后蹄→左侧后蹄。马匹清蹄见图 1-26。

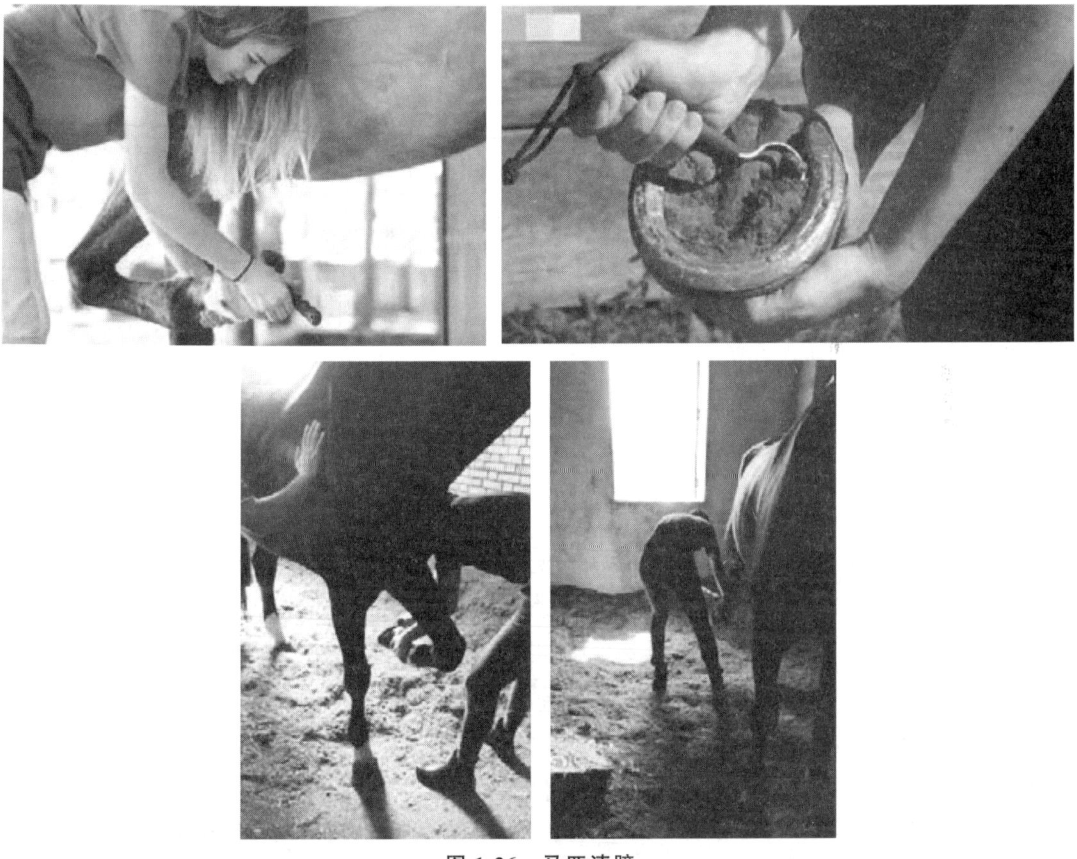

图 1-26　马匹清蹄

6. 涂抹蹄油

用蹄油刷蘸蹄油均匀涂遍整个角质层，每周至少一次。抹蹄油见图 1-27。

图 1-27 抹蹄油

7. 清洁及收纳刷拭工具

清洁所有使用过的工具，并进行收纳，以保持马匹健康。

任务小结

马匹刷拭采取项目化理实一体的教学方法，分课前、课中和课后三段式完成学习任务。

(1)学生通过学习马匹刷拭，达到熟记马匹刷拭作用，正确选择马匹刷拭工具和场地，制定马匹刷拭方案等知识目标。

(2)技能学习采取示范法和技能训练法，教师示范流程如下。

将马匹拴系在固定刷拭场所，带上笼头→选择刷拭马匹工具放在工具袋中，提到刷拭场地→抚摸马匹全身，建立亲和关系→用橡胶刷逆着马毛方向打圈刷拭马匹的颈部、肩部、背部、臀部，同时轻轻按摩马的肌肉和被毛→用硬毛刷顺马毛方向将马全身被毛上风干的泥渍和汗渍，脱落的被毛以及厚重的浮尘刷掉→用软毛刷将马全身的浮灰刷掉→用鬃毛梳轻轻梳理马的鬃毛，再用尾毛梳仔细梳理尾毛→用两块不同颜色的毛巾或海绵分别擦拭马的面部和肛门→抠蹄。马匹刷拭示范流程见图 1-28。

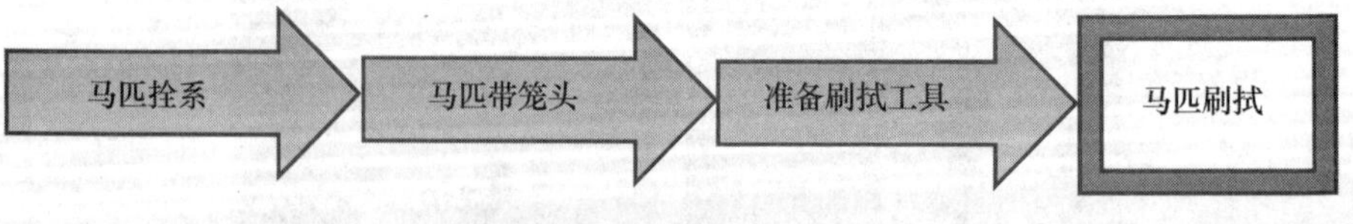

图 1-28 马匹刷拭示范流程

学生观摩教师示范后，两两一组采取技能训练法开展马匹刷拭操作，训练过程中教师督导，通过技能训练达到会熟练操作马匹刷拭的技能目标。

(3)教学实施过程中，与学生分享思政故事“万里送军马，多难兴中华”引导学生总结素质点，培养学生热爱祖国，树立中华民族是一家的意识；培养学生爱马护马的理念；技能训练过程中潜移默化地培育学生人马和谐共处的理念和安全责任意识，从而达到本项目素质目标。

拓展提高

一、马匹福利

马匹福利标准由5个基本要素组成。

1. 生理福利，即无饥渴之忧虑

这是最基本的动物福利，对于马匹管理来说，最基本的要求就是要保证按时饲喂，使马匹免受饥渴困扰。

2. 环境福利，也就是让动物有适当的居所

在基本的生存得到保证以后，居住环境应当舒适。对于马匹管理来说，就是要保证马房和马厩的清洁卫生，使马匹感到舒适。

3. 卫生福利，主要是减少动物的伤病

重视马匹疾病的预防与治疗，加强护理，减少马匹患各种伤病的可能性。

4. 行为福利，应保证动物表达天性的自由

在马匹护理中，应当了解马匹喜爱运动的天性，保证马匹充分的运动自由，防止马匹由于运动不足而出现各种恶癖，如咽气癖、点头癖等。

5. 心理福利，即减少动物恐惧和焦虑的心情

在马匹护理中，不粗暴对待马匹，爱护马匹，尊重马匹，建立人马亲和的良好关系，减少马匹恐惧和焦虑的心情。动物福利理念的提出是人类伦理思想的升华与博爱精神的产物，也是人类社会文明进步以及道德水准提升的体现。随着时间的推移，动物福利将会被全世界越来越多的人所接受，维护动物福利也将成为不可逆转的历史潮流，因此作为马匹护理者应重视动物福利，提供无创性照顾的整体护理。

二、马匹习性与马的表情

（一）马的基本习性

马的基本习性是其固有的生理反应，而我们人类正是根据马的行为特征来接近、控制、训练、调整马匹，让它为人类做出贡献。只有了解马的行为表现和心理状态，才能做到正确地喂、管、调、骑，发展马的有益行为，调教出性能优异的好马，充分发挥马的运动效能。马的基本习性包括：

1. 敏锐的嗅觉

马拥有非常敏锐的嗅觉，这一特性在它们生活的诸多方面发挥着关键作用。马的嗅觉器官相当发达。它们鼻腔很大，鼻腔内的嗅觉感受器数量众多。这些感受器能够敏锐地捕捉到各种气味分子。马的嗅神经也很发达，能够快速将嗅觉信息传递给大脑进行分析处理。这种复杂而高效的生理结构使它能在听觉或其他感知器官没有察觉的情况下提前接收外来的各样信息，并能迅速地做出反应。

（1）马靠嗅觉识别外界事物。马认识或辨别事物信息，特别是近距离的陌生物品或动物，

首先表现为使用嗅觉的行为。有时会主动接近物品，鼻翼扇动，作短浅呼吸，力图吸入更多的新鲜气味信息，加强对新鲜事物的辨别或进行探究，然后进行相应的休憩或躲避等行为。马能根据嗅觉信息识别主人、性别、母仔、发情、同伴、路途、厩舍和饲料种类。如公马靠嗅觉可以确定一定距离内的发情母马，并会出现翻唇嗅天行为(性嗅反射)。

(2)马靠嗅觉适应环境。马凭借敏锐的嗅觉适应环境，特别是在野外或群牧条件下，嗅觉对其生存具有重要作用。野生马群能够通过辨别空气中微量的水汽，寻找几里之外的水源和草地，从而在干旱沙漠中存活。马根据粪便的气味，可以找寻同伴，避开猛兽和天敌。

马对不同的嗅觉信息会有不同的条件反应。马在嗅到生疏或危险的信息时，会发出短促的喷鼻声(打响鼻)以示警备，并把这一信息通知同伴。马对同伴排泄的气味有着极强的反应。如公马愿意在发情母马曾经排过尿的地点排尿；马驹闻到新鲜的排泄物，会被激起高度的排泄反应，引起排粪和排尿。

(3)马靠嗅觉鉴别污水或有害的饲草饲料。马的鼻腔结构独特，鼻腔下筛板和软腭连接，形成隔板作用。在采食时通过鼻腔吸入嗅觉信息，既可选择食物，又可警惕敌害，两者互不干扰。马能利用嗅觉去摄食体内短缺的营养物质，并能在草原上辨别有毒植物或牧草，马很少误食毒草。马能靠嗅觉鉴别受污染的水和饲料，并拒绝饮用。在马匹日常管理中应注意水源、料池、水槽、饲槽的卫生，这对马的健康是非常重要的。

(4)马靠嗅觉分辨熟悉和陌生的事物。在接近马或调教马的过程中，当使用一些新的笼头、鞍具等马具时，先让马嗅闻，操作上会更顺利。也可以利用马的这个特点，在对孤驹寻找母马寄养时，用母马的乳汁先对幼驹进行涂抹，增加母马对孤驹的接受程度。因此，马很容易感觉到饲料和马舍环境的改变。

在马匹调教训练中，可以有效利用马的嗅觉建立后效行为，这也是一个优秀的饲养管理人员优先考虑的手段。

让舍饲马匹建立在固定位置排粪尿的习惯。将厩内清扫干净，只在指定位置堆上粪便，并在指定的排尿区放入少量尿液。将马放入厩内任其自由嗅闻，在氨的刺激下引起马排粪、排尿的行为。如马排粪、排尿偏离了指定位置，可以用小杆驱赶。经几天调教，使马匹固定排泄粪尿的位置。赛马可利用此习性调教它养成在赛前 15 min 排粪、尿的习惯，这对保证赛马发挥较好的水平也是至关重要的。

2. 较差的视觉

马的眼睛是信息感知能力较差的器官。在所有哺乳动物中，马的眼睛是最大的，占据头部的显著位置，全景视角可达 330°～360°，看上去炯炯有神，但实际上马匹却是天生的“近视眼”，马匹一出生视力只有 0.6 左右。马眼球呈扁椭圆形，由于眼轴的长短不齐，物像很难在视网膜上形成焦点。很多时候，马能够感觉到有物体接近，但只能看到模糊的图像，分辨不清是什么。因此，马匹护理者在接近和照料马匹的过程中，要注意用声音通知马。

(1)视觉差，使马容易受到惊吓。马因视觉不良，有时会形成较强的恐惧感，尤其是对突然出现的事物(如人、动物等)，会使马受到惊吓，特别是公马，可能导致群牧马炸群、役马惊车或乘马失控，甚至使人员受到伤害。

(2)视觉差，使马的距离感比较弱。马的视觉能够在“单眼模式”和“双眼模式”之间进行转换。所谓“单眼模式”，是指马匹用两只眼睛各自独立看事物；“双眼模式”即两只眼睛同时看一个事物。一般情况下，马匹使用“单眼模式”，两只眼睛互不干扰，各自独立看到一幅影像；只有需要判断距离时马匹才“切换”到“双眼模式”，让两只眼睛集中注视同一个目标。但在“双眼模式”下，马的双眼能够重叠的视野仅有30%左右。因此，马所见到的主要是平面影像，缺乏立体感，对距离的判断能力较弱。在跳跃壕沟或跨越障碍时常发生惧怕障碍物，出现惧跳的现象。因此，在对马进行跨越障碍调教时需要长时间重复强化。

(3)马虽然视觉差，但夜间视觉比人类强。马眼底的视网膜外层有一层照膜(人没有照膜)，可将透过视网膜多余的光线再返回视网膜感受器，因而视神经的感受量可大于原光的两倍以上。在弱光情况下，由于照膜的反射，使物体清晰度明显提高。因此，马在夜间能清楚地辨别夜路、异物和夜游的动物，并通过打“响鼻”予以警示。马的眼睛虽然对微弱光线比人敏感，但从“明处”突然转到“暗处”后因不能迅速调节瞳孔大小适应光线明暗的变化，会表现出惊恐不安。

(4)马能够感受光的色调和强度。强光对马是一种逆境刺激，经常引起马的不安。因此，运输过程不要有强光。马对红色光的刺激反应强烈，调教、使役中应注意避免出现红色物体，防止马惊恐；马对毛色有一定的好恶感，相近毛色者往往聚集在一起。马对常见的颜色还会产生条件反射，如对身穿白衣的兽医或采精员出现时会发生相应的反应。

有些骑手在比赛中为了集中马匹注意力，同时也防止比赛时赛道上扬起的沙子、泥土会伤及马匹眼睛，会给马匹戴上眼罩。

总之，马的视觉不是很发达，远不如它们的嗅觉和听觉。马后退时，对距离毫无判断能力，所以使役和控制马时，对后肢应当特别警惕。马匹护理者在接近和照料马匹的过程中，要注意用声音通知马，不能贸然接近其后躯，以防发生危险，特别是护理者蹲下工作时，马往往会因辨认不出人的形象而发生踢人、咬人等事故。

3.发达的听觉

马的耳朵是信息感知能力很强的器官，这是在长期进化过程中形成的。听觉发达是对马视觉欠佳的一种生理补偿，这对在原始状态下马的生存是非常必要的。因为马在自然界中生存的关键问题就是躲避食肉动物的袭击，而马躲避食肉动物袭击的本领就是逃跑和有限的反击。

(1)马耳组织结构发达、敏锐。马耳位于头的最高点，耳翼大，耳肌发达，动作灵敏，旋转变动角度大，表明听觉是发达的。马无须改变体位和转运头部，仅靠耳郭的运动就能判断声源方向。马用灵活的外耳道捕捉声音的来源、方向，起到声音的定位作用；中耳的机能是放大声音；内耳则主要功能是分辨声音的频率、音色和音响的强弱。马耳尖小、直立如“削竹”，转运灵活是良马的主要特征。

(2)马分辨声音、频率、音色的能力比人强。马听觉发达的主要特征就是马耳对声音有着非常敏锐的反应程度。马能辨别1 000次和1 025次振动波，即1/8音符左右。因此马对声音及音调的感受能力超过人，能听到人听不到的远处声音，并能对声音做出判断。马还能根据叫声寻找自己的群体和传达信息，并能根据同伴不同的声音判别其所处状况，如忧虑、高兴、恐惧等状态。对于周围其他动物的声音也能做出准确的判断，并能做出预防措施及相应的应急行为。

(3)应用口令或哨音容易建立马的反射行为。马能够分辨主人呼叫它的名字，不是它懂得名字的意义，而是它对呼叫名字的声音建立了反射行为。因此人们在调教、训练和使役中，可用口令或哨音培养马匹建立反射行为，或学会做其他动作。尤其是对正在进行初级调教的小马，建立反射行为尤为重要。

(4)马惧怕过高的声音。过高的声音或音频对马是一种逆境刺激，使马有痛苦的感受。在马匹调教过程中，不需要对它"大喊大叫"，只要有轻微的口令马就会服从。对过于敏感的马，为了减少声音刺激，亦可以给它佩戴耳罩。过高的声音或音频会导致马惊恐，如在进行军马训练中，对军马要经过较长时间的适应性训练调教，使它习惯火车汽笛声、枪炮声、锣鼓声等高频的声音。

4. 有特色的味觉

马口腔和舌分布有味觉感受器，称为味蕾。这些味蕾多集中于轮廓状乳突、蕈状乳突和叶状乳突中。马的味觉感知能力一般，马一天中有很长的时间进行采集饲料，饲料除经过嗅觉初步断定外，主要由味觉来决定食入的速度和多少。

(1)马的味觉感受并不灵敏，因此马采集饲料的范围很广。马能适应很多种类的饲料，甚至是一些比较粗糙、适口性很差的饲料。如我国北方牧区，冬天马匹主要采食草地里的枯草，有时甚至是树枝和落叶；在一些农业生产区，有些秸秆马也都食用。

(2)马的味觉有很强的偏好。马虽然采集的饲料范围很宽，但对饲料中的味道还是有所偏好的。马对苦味不敏感，对甜味和酸味的感受较为强烈。马喜甜味而拒酸味。带有甜味的饲料，如胡萝卜、青玉米、苜蓿草、糖浆这些都是马最爱食用的，这些饲料都可以作为饲料诱饵或调教中的奖赏，以强化某些后效行为。对带酸味的饲料，马则需要经过一定的适应过程。

马的味觉除有以上特征外，其味觉差还容易引起消化障碍。

5. 独特的睡眠

马睡觉不一定非在晚上，更不是一觉睡到大天亮。要是没人打搅它，它可以随时随地睡觉，站着、卧着、躺着都能睡觉。成年马一天能睡 8～9 次，加起来差不多有 6 h。天亮以前的 2 h，马睡得最香。马站着睡觉继承了野马的生活习性。野马生活在一望无际的沙漠、草原地区，在远古时期既是人类的狩猎对象，又是豺、狼等肉食动物的美味佳肴。它不像牛羊可以用角与肉食动物做斗争，唯一的办法，只能靠奔跑来逃避敌害。而豺、狼等食肉动物都是夜行的，它白天在隐蔽的灌木草丛或土岩洞穴中休息，夜间出来捕食。野马为了迅速而及时地逃避敌害，在夜间不敢高枕无忧地卧地而睡。即使在白天，它也只是站着打盹，保持高度警惕，以防不测。家马虽然不像野马那样会遇到天敌和人为的伤害，但它们是由野马驯化而来的，因此野马站着睡觉的习性，至今仍被保留下来。

在一个马群或者一个马厩中可能会有一部分马躺下睡觉，但绝对不会所有的马同时躺下睡觉，总有一匹马会站在那里"放哨"。

6. 比较温顺的性情

马虽然是大型的哺乳动物，体格高大，外貌威武，相对于其他动物，马是一种很温和的动物。马通常不会主动攻击人类或其他动物，遇到危险的时候，就是三十六计走为上策，赶快逃跑。

马偶尔做出的伤害性的行为都是出于对自己安全的保护。因为马是食草类动物，同兔子、鹿、羊等食草动物一样，处于自然界食物链的底层，随时存在被食肉动物捕杀的危险。因此，马具有时刻警惕与反抗的本能，在无法逃脱猎食者追击时，马会拼死反抗，用踢、咬、刨等方式摆脱凶猛动物的进攻。在野马群中，有一些小马或怀孕的母马无法逃跑，马群也会将它们围在中间，大家屁股朝外，后踢攻击掠食者。

马的这种求生反应在与人相处时也自然而然地表现出来，马如果感到危险、害怕而又不能逃避(如被拴住、被逼到死角等)时，就会用这种本能对人进行攻击，以达到自我保护的目的。所以尽管马匹性情是比较温顺，一般情况下不会主动攻击人类，但是如果感到危险，它们仍会对人类进行攻击。因此，在马匹护理工作中应该避免使马匹感到危险。

7.具有很强的竞争心理

马的竞争心理非常强，彼此互不相让，赛马就是利用了马的这一特点。在竞赛中，即使鼻、口喷血，体力难支，也会竭尽全力，直至死亡。并行的马总是越走越快，总想超过对方。公马喜争斗，对好争斗的马要注意管理。拴系或牵遛时要保持一定的距离。在战争中，许多马并不是倒在枪林弹雨中，而是由于剧烈地奔跑累死在战场上。

8.马具有较强的记忆力

马的大脑较发达，可以记住主人、道路、水源、厩舍、饲喂和休息地点、被惩罚处、不正当的对待或伤害等。“老马识途”就是指马即使离群数月甚至数年，它仍可返回原地。因此，在赶运马匹时要防止其逃回原饲养地或原产地。马匹也对人类对它的态度记忆深刻，如果马匹管理人员或护理人员粗暴地对待马匹，马匹就会记忆在心，并表现出害怕、躲避的行为，这是非常不利于对马匹的管理与护理的。因此，要善待马匹，以取得马匹的信任，建立人马亲和的关系。

9.好动的天性

马天性好动，它与食肉动物相反，休息和睡眠时间很短。因此，在饲养管理中要避免长时间限制马匹的活动，让马匹保持充分的运动，有时也可以通过遛马机，跑步机等机器来帮助马匹运动。

10.马有很强的奔跑能力

马匹的奔跑能力给人留下深刻的印象，马的胸骨粗壮，四肢修长，腿部肌肉发达，非常善于奔跑。

据测试，马奔跑的时速约 20 km，最快时速可达 60 km，可连续奔跑 100 km，具有名副其实的“马力”。马匹的奔跑能力是其长期进化的结果。因为，马匹是食草动物，处于食物链的底端，为了逃避食肉动物的捕食，马匹必须依靠快速的奔跑，才能保证自身的安全。马匹的奔跑能力成为人类驯服马匹的主要目的，帮助人类极大地拓展了活动领域，促进了人类社会的发展。现代赛马运动也是建立在马匹很强的奔跑能力基础之上的。

11.良好的群体行为

马在野外生活，属于群居动物，彼此互相照应，让马觉得更有安全感。圈养的马匹，虽然一匹马住一个马厩，但是马也非常需要同伴。通常在马场内养一些其他的动物，如狗、山羊甚至驴、骡子等，都可以作为马的同伴。除此之外，马还有很强的模仿能力，调教时可以利用老马带新马，学习比较复杂的动作。但马也会模仿坏的动作，所以要把有咽气癖、啃物癖等不良行为的马隔开，以免别的马模仿。

(二)马的肢体语言

马跟人一样，是一种感情丰富的动物。马也有喜、怒、哀、乐、紧张、恐惧、舒适、信任、怀疑、好奇、顽皮等各式各样的感觉与情绪，这些感觉与情绪充分的表现在它的肢体与声音上。仔细观察马的肢体语言及声音,有助于马匹护理者了解马的情绪,识别马的危险行为,提前做出预判,更好与马匹交流及为马匹提供护理。

1. 耳朵是马心情"指示器"

(1)当马的两只耳朵朝向前方,耳朵姿态放松时,说明它对该事物感兴趣和好奇,心情不错,愿意配合你,见图 1-29(1)。

(2)当马的两只耳朵朝向后,耳朵姿态放松时,说明马在听后面的声音,注意后面的情况。如果这时骑手在马背上,说明马的注意力在骑手这里。注意:当马只有一只耳朵朝向后面,耳朵姿态放松时,就能说明马在听后面的声音,见图 1-29(2)。

(3)当马的两只耳朵朝向前方,耳朵姿态僵硬时,说明它可能是紧张并且感觉到前面有危险存在。这时,马往往会张开鼻孔,需要把马牵到它认为安全的地方,它才能平稳下来,见图 1-29(3)。

(4)当马的两只耳朵分别靠向两边,耳朵姿态放松时,说明它是平静和轻松的,注意力集中于身体两边,而且它对周围环境感到放心,见图 1-29(4)。

(5)当马的两只耳朵朝向后面,耳朵姿态僵硬时,说明它可能是听到后面让它感到危险的声音,也可能是警告周围的人或马等。这时要注意它可能会向后踢腿,见图 1-29(5)。

(6)当马的两只耳朵下垂时,说明马累了或感到无聊、沮丧,或者正在睡觉,见图 1-29(6)。

(7)当马的两只耳朵朝向颈部,几乎是平靠着颈部时,说明它非常愤怒或烦躁。这时马常常张开鼻孔,睁大眼睛,尾巴伸直,见图 1-29(7)。

图 1-29 马耳朵指示心情

2. 面部表情

马的心情都写在脸上,可以通过马的脸部表情了解和掌握马的心态和情绪。

(1)马抬起眉头。马会在经历负面情绪的时候抬起眉头,表现伤心或是害怕的情绪。马抬起眉头见图 1-30。

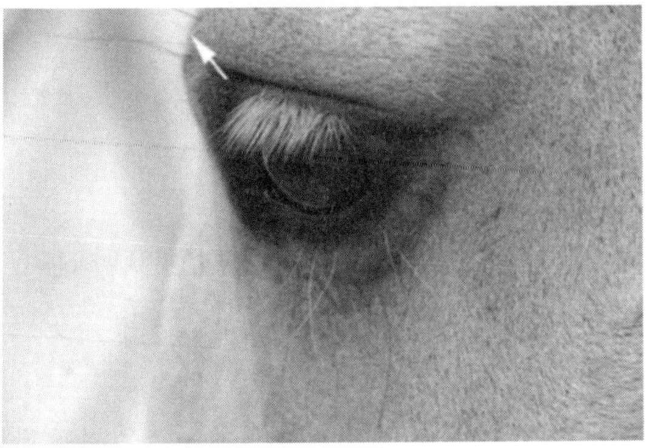

图 1-30　马抬起眉头

(2)马张开上嘴唇。这是马害怕的象征,该表情同时会伴随着睁大眼睛以及眼白部分的增加。马张开上嘴唇见图 1-31。

(3)马嘴角上扬。这一微妙的动作往往是马表示顺从的意思。马嘴角上扬见图 1-32。

图 1-31　马张开上嘴唇

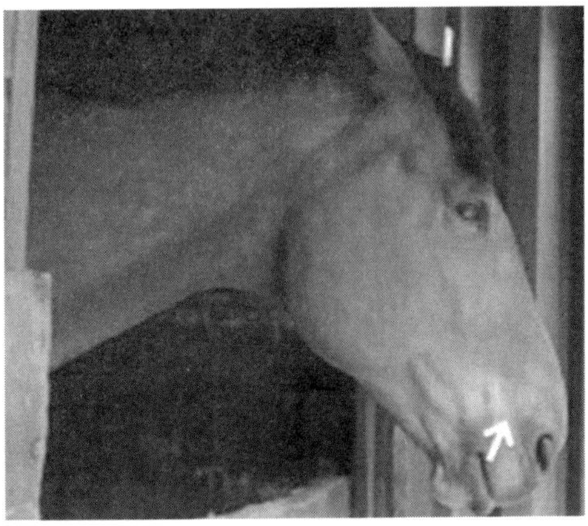

图 1-32　马嘴角上扬

(三)马的动作

1. 马轻咬

马在被打理或喂食时,有时会轻咬你的肩膀或手作为回报。马轻咬见图 1-33。

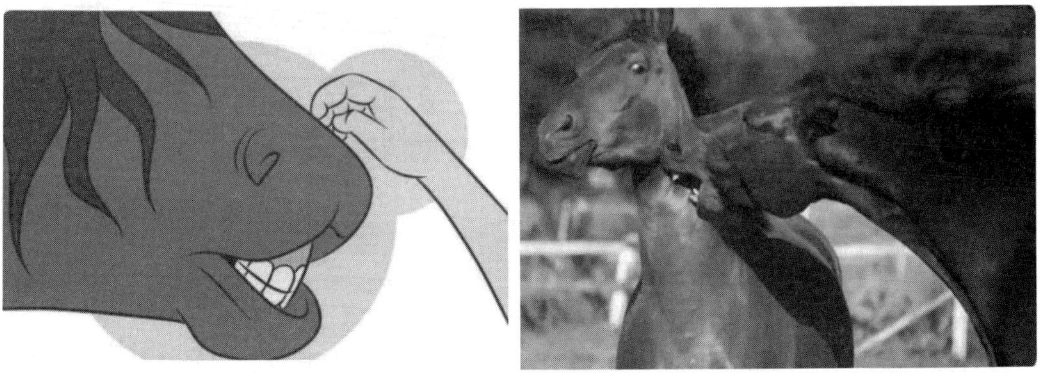

图 1-33　马轻咬

2. 马甩尾巴

愤怒不安的马会甩动尾巴，是烦躁的表现，警告其他马不要靠近。如果周围蚊虫很多，甩动尾巴就是驱赶小虫子的自然反应。马甩尾巴见图 1-34。

3. 马尾巴夹在两腿间摇晃

通常在遇到狗时，马会因为害怕，垂着尾巴，尾巴夹在两腿间摇晃。马尾巴夹在两腿间摇晃见图 1-35。

4. 马扣前蹄

轻轻扣前蹄，表示马不舒适、烦躁，或只是兴奋地想动一动。重重扣前蹄，则通常是愤怒或恐惧的信号。马扣前蹄见图 1-36。

5. 马尥蹶子

马尥蹶子是嬉闹的表现，通常伴随耳朵向后和嘶鸣。年轻马会在草地里这样玩耍。尥蹶子也表示害怕和不明状况，这在公马第一次接受调教时尤为明显。一般在尥蹶子前马尾会弯曲。马尥蹶子见图 1-37。

图 1-34　马甩尾巴

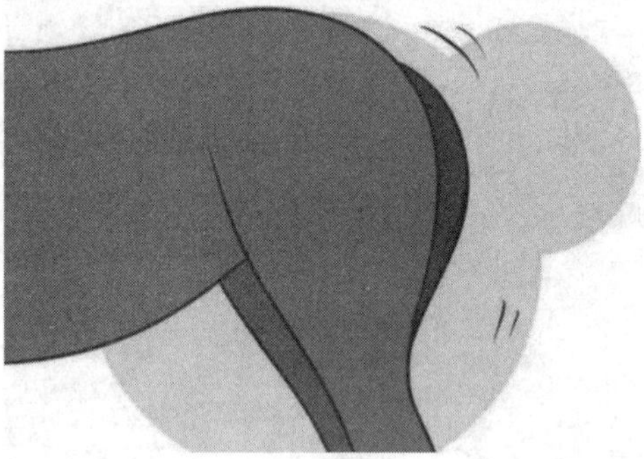

图 1-35　马尾巴夹在两腿间摇晃

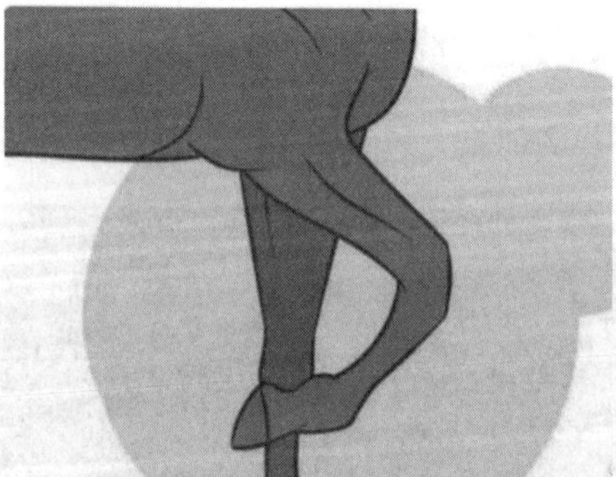

图 1-36　马扣前蹄

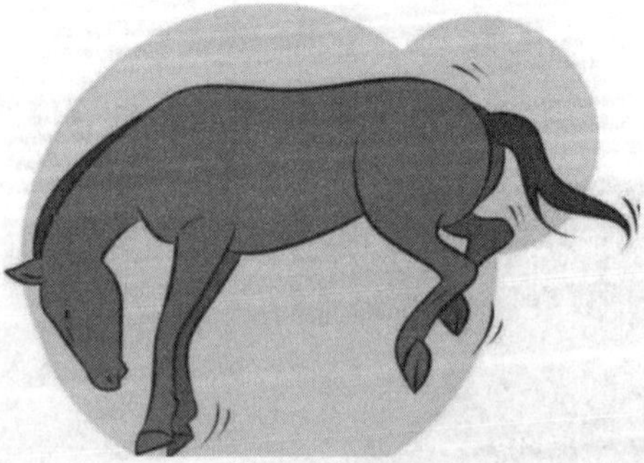

图 1-37　马尥蹶子

6. 马起扬

马起扬是有两面性的行为。既是小马驹在草地上嬉闹的表现，也是愤怒公马的战斗模式，表现出无法摆脱困境时的害怕。马起扬见图 1-38。

7. 马好奇

马在放松时头会低垂,好奇时会抬头翘尾。马好奇见图1-39。

8. 马逃跑

马在害怕时会飞速逃跑。马是典型逃跑型动物,当面临潜在危险时,马不会勇敢的抵抗,而是转身向危险所在的反方向逃跑。如果马群中的一匹马感觉到附近某处有一丁点儿掠食者存在的可能,整群马都会向相反的方向跑开,直到逃到距掠食者很远的地方才会停下来。马逃跑见图1-40。

9. 马皱鼻子

马皱着鼻子表示厌恶或恼怒。马皱鼻子见图1-41。

10. 马希望梳理

伸长鼻子则意味着马希望梳理。下唇回缩、脖子伸长,也是享受梳理时的表现。

图1-38　马起扬

图1-39　马好奇

图1-40　马逃跑

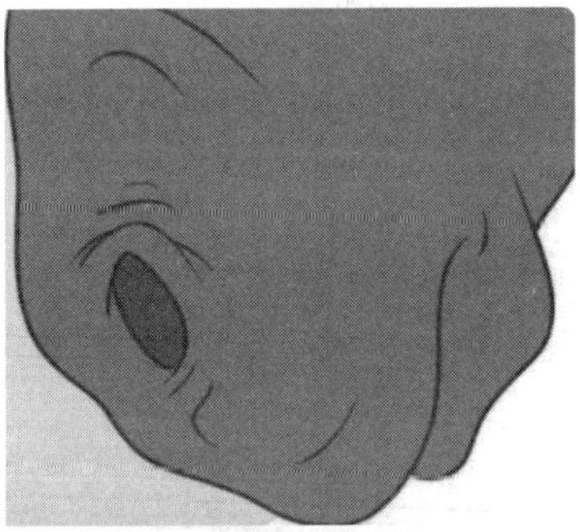

图1-41　马皱鼻子

(四)马的声音

马通常很安静,不太会叫。当马发出声音时,一定伴随着某种情绪。受惊骇或受伤的马会长鸣,公马与母马调情时也会叫;痛苦的时候会嘶吼;喷气是因为不安或兴奋;低鸣是种友善的声音;咕噜声、叹气声、吹气声等,都是与人或另一匹马沟通的声音。

1. 马叹气

马叹气和人其实差不多。叹气伴随着打激灵或肌肉放松,表示放松、满足、安心。马感到无聊也会叹气。马很容易无聊，应多给马找些事情做，转移注意力使它们开心。马叹气见图 1-42。

2. 马轻声嘶叫

马轻声嘶叫通常是代表欢迎，是对认识的人打招呼，也是温柔提示的表达。马轻声嘶叫见图 1-43。

3. 马咕哝声

马咕哝声是疼痛时的声音，可能是因为肚带太紧，或就是一种习惯。跳障碍时发出这种声音是因为在发力。如果越过障碍后发出咕哝声，应该检查一下马匹是否受伤。马咕哝声见图 1-44。

4. 马喘鼻声

马嘴紧闭通过鼻子呼吸，通常在马兴奋时，加速跑，遇见同伴、自己开心，或者是清理鼻腔。马喘鼻声见图 1-45。

5. 马嘶鸣声

马嘶鸣声要和马的肢体语言结合在一起去解释含义。马嘶鸣声见图 1-46。

6. 马的双耳向后平贴，同时摇动尾巴

马匹的这个动作说明马匹肚子饿，情绪跌到谷底。马的双耳向后平贴，同时摇动尾巴见图 1-47。

图 1-42　马叹气

图 1-43　马轻声嘶叫

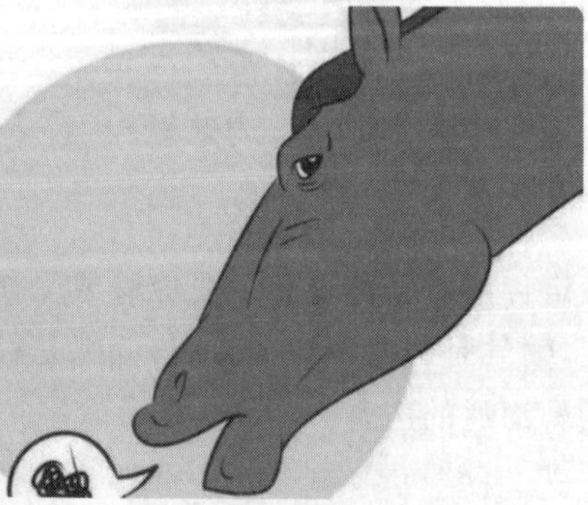

图 1-44　马咕哝声

图 1-45　马喘鼻声

图 1-46　马嘶鸣声

图 1-47　马的双耳向后平贴，同时摇动尾巴

课后自测及相关实训

一、课后自测题

（一）马匹刷拭工具常识（仔细看题把刷拭工具名称、图片和作用用线连起来）

序号	刷拭工具名称	刷拭工具图片	作用
1	橡胶刷		促进马匹血液循环，按摩马匹体表，除去较深层的灰尘和表面的泥巴或者垫料之类。
2	硬毛刷		抠出蹄底异物。
3	软毛刷		梳理马匹尾毛。
4	金属刷	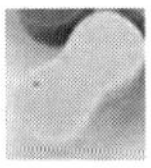	梳理鬃毛。
5	鬃毛梳		清洁使用过的刷子或梳子上积存的马毛、污垢和杂物。
6	尾毛梳		快速扫掉马身上的浮灰，也常用于马匹面部和腿部打理，或敏感、皮肤层薄的马匹。
7	海绵		清理泥巴或者刷拭出汗多的部位，皮肤层薄的部位不能用，剃毛的不建议使用。
8	蹄钩		清洁马匹面部或肛门。

(二)制订马匹刷拭方案(也可根据教学情况自行设计)

<table>
<tr><td colspan="2">马匹状况
案例</td><td>马匹被毛有泥土、沙子等脏物;鬃毛凌乱打结,马匹尾毛有泥土、灰尘等污物;马匹肛门、尾根、后腿内侧有脏物;眼角有分泌物。如何处理以上马匹状况。</td></tr>
<tr><td colspan="2">刷拭作用</td><td>1.使马匹________。这是马匹刷拭的________作用,通过利用各种________除去马匹在马厩内沾染的________等污物,或运动训练过程中沾染的________等污物,使马匹保持________,从而避免其患上各种皮肤和被毛的疾病________的作用。
2.马匹刷拭过程中,通过刷拭工具与马匹体表的不断接　接触、按压,从而起到________的作用,这对于缓解________有显著的效果。
3.检查全身________,及时发现________,及早治疗和处理。因此刷马过程中要强调________,即________,观察到哪里,只有这样才能真正起到刷马的作用。
4.达到________。刷马的过程,实际上是________相互交流的过程。只有建立________,马匹才会配合人类,这对管理与调教马匹是非常重要的。</td></tr>
<tr><td colspan="2">选择刷拭场地</td><td>□马房通道　□马房　□室外固定场地</td></tr>
<tr><td colspan="2">选择刷拭工具</td><td>□蹄钩　□硬毛刷　□水刮　□沐浴液
□软毛刷　□水桶　□毛巾或海绵　□洗发液
□尾毛梳　□铁刮　□鬃毛梳　□橡胶刷</td></tr>
<tr><td colspan="2">刷拭的原则</td><td>先________后________,从________到________,从________到________的原则</td></tr>
<tr><td rowspan="4">刷拭操作步骤</td><td>被毛刷拭</td><td>先用橡胶刷________方向刷拭;再用硬毛刷________方向刷拭;最后用软毛刷________方向刷拭。
刷拭顺序:________→________→________→________→________→________→________</td></tr>
<tr><td>鬃毛、尾毛梳理刷拭</td><td>先用______刷掉灰尘;用______解开缠结;再用______梳理鬃毛,梳理尾毛时,站在马匹的______并用手抓住马的整条尾巴,先用______将马尾毛结梳理开,再用______刷拭,可用一手握一部分马尾由______向______刷理,直到将全部马尾刷拭干净,注意要将______及粘在马尾上的异物整理干净。</td></tr>
<tr><td>面部清洁</td><td>先用毛巾清除______分泌物,再清洁______及周边皮肤;接着清除______分泌物、鼻部及周边皮肤;最后清洁______和四周皮肤。</td></tr>
<tr><td>肛门、尾根、腿内侧清洁</td><td>用干净的毛巾或海绵清洁马匹肛门处:首先站在________,然后举起______,最后再用________擦拭每个部位。</td></tr>
<tr><td colspan="2">刷拭操作主要注意事项</td><td>1.不要站在________________;
2.敏感部位动作要________________;
3.在刷拭的过程中,要注意观察________________;
4.注意和马保持________________;
5.冬天的时候要避免使用______,因为它会比______带走马匹被毛中更多的油分。
6.注意刷拭马匹时最好不要________,因为一边刷拭马匹一边可以检查马匹全身是否有鼓起的疙瘩,对保护马匹健康起到预防作用。</td></tr>
</table>

二、课后相关实训

学生在实训场反复训练马匹刷拭技术,互相拍视频上传到学习平台。

任务2
马匹洗浴

任务介绍

马匹日常的护理方法除刷拭外，还有洗浴技术。马匹洗浴主要有两种方式，一种是水洗，另一种是沙洗。通常所说的洗马指的是水洗，而沙洗一般称为“沙浴”或“放沙”。

通过学习马匹洗浴使学生熟记马匹洗浴的作用和洗浴场地特点，正确识别洗浴工具和用法，并会制定马匹洗浴方案和熟记洗浴注意事项；正确选择马匹洗浴工具和场地，熟练操作马匹洗浴过程；让学生明白劳动才是幸福的源泉，培养学生耐心细致的劳动品质。

任务解析

一、任务完成的思路

同马匹刷拭。

二、任务完成目标

(一)知识目标

掌握马匹洗浴的作用和洗浴场地特点，熟悉洗浴工具和用法，会制定马匹洗浴方案和熟记洗浴注意事项。

(二)技能目标

正确选择马匹洗浴工具和场地，熟练操作马匹洗浴过程。

(三)素质目标

(1)培养学生热爱劳动，不怕苦、耐心、细致的劳动品质。

(2)培育学生互相帮助的友爱精神。

三、任务完成路径

(一)课前

分发任务单，学生分小组通过网络资源和教材完成任务单咨询内容——马匹洗浴的作用。

(二)课中

教师结合马匹洗浴内容与学生分享劳动快乐的思政故事，让学生明白劳动创造美好生活，培养学生热爱劳动，不怕吃苦，耐心、细致的劳动品质，从而达到本项目课程素质目标。

知识点 1：马匹洗浴作用，在智慧教室用 2 min“昭苏天马浴河”视频引入马匹洗浴的作用，学生分小组展示任务单咨询内容，教师给予补充。

知识点 2：马匹洗浴工具和场地的选择，采取有目标提问法提问学生，马匹在河里洗浴还是在游泳池里洗浴？在学生回答的基础上，教师总结归纳马匹洗浴用到的工具和选择合适的场地，在任务单上每组学生通过讨论从图片上圈出马匹洗浴用到的工具，接受教师检查和点评。

知识点 3：制定马匹洗浴方案和列举洗浴注意事项，各小组通过讨论用大白纸展示出各组完成的马匹洗浴方案和注意事项，教师点评，指出修改意见，每组把完善后的方案上交学习平台，掌握马匹洗浴的知识目标。

课中技能点在实训室完成，教师采取示范法、技能训练法和考核法，让学生实现马匹洗浴工具和场地选择、马匹洗浴过程的操作技能目标。

(三)课后

完成项目化作业单并上传学习平台。

相关知识

一、思政故事

袁隆平爷爷：改变世界的“禾下乘凉梦”

2021 年 5 月 22 日 13 时 07 分，“共和国勋章”获得者、“杂交水稻之父”袁隆平在湖南长沙逝世，享年 91 岁。禾下乘凉梦，一梦逐一生。他是用毕生努力发展杂交水稻的追梦人；他躬耕田野，脚踏实地把科技论文写在祖国大地上。他是中国杂交水稻育种专家，是中国研究与发展杂交水稻的开创者，是“世界杂交水稻之父”。

一个生命的分量有多重，取决于他为世界创造了多少价值。许多年来，大家都知道袁隆平有一个“禾下乘凉梦”：让水稻长得跟高粱一样高，穗子像扫把那么长，颗粒像花生米那么大，期盼和朋友们坐在稻穗下乘凉喝茶。为了实现这个梦想，袁隆平一辈子只做一件事——用六十年的时间研究、应用、推广杂交水稻技术，让中国十几亿人口能吃饱饭，为我国粮食安全、农业科学发展和世界粮食供给做出了杰出贡献，被称为东方“稻神”，为人类战胜饥饿带来绿色的希望和金色的收获。

20 世纪 60 年代初，罕见的天灾人祸带来了严重的粮食紧缺，他目睹了严酷的现实辗转反侧不能安睡，他决心发挥自己的才智，用学过的专业知识，让粮食大幅度增产，让世界远离饥饿。袁隆平院士曾说“作为新中国培育出来的第一代农大学生，我下定决心要解决粮食增产问题，不让老百姓挨饿”。

为了争取更多的研究时间，他像候鸟一样，每年冬天从寒冷的长沙转移到温暖的海南岛，一年中超过 1/3 的时间都在农田里劳作、观察和研究。从播种到收获，袁隆平每天至少下田两次，晒得又黑又瘦，像一个地地道道的农民。

为了寻找天然雄性不育水稻，培育杂交水稻，他冒着高温在安江农校附近的稻田里，一垄垄、一行行地检查几十万株稻穗，在田里晕倒了再爬起来继续找。坚持不懈地找了两年，才终于找到了6株天然雄性不育稻株。

1970年，“野败”的发现和利用，打破了世界杂交水稻研究徘徊不前的局面。从此，一粒种子改变了整个世界。而海水稻的培育也是一项令世界震惊的农业创举。2017年，袁隆平领衔成立青岛海水稻研究发展中心，并联合多家科研单位成立中国首个耐盐碱水稻区试协作组。2020年11月，袁隆平团队培育的双季稻亩产超过1 500 kg，再创纪录。在袁隆平心中，“高产”是没有尽头的。

2023年10月14日，袁隆平“超级稻”在四川凉山平均亩(666.67 m^2)产1 251.5 kg(普通水稻每亩产量在400～600 kg)，创造了杂交水稻单季亩产的世界纪录。截至2024年3月，中国杂交水稻种植面积已超过1 333万 hm^2，占水稻总种植面积的51%，产量约占水稻总产量的58%。

禾下乘凉梦，一梦逐一生。生命有尽头，科学无止境。像袁隆平爷爷一样，我国一代又一代科学家怀着深厚的爱国主义情怀，凭借精湛的学术造诣、宽广的科学视野，前赴后继、接续奋斗，为祖国和人民做出了彪炳史册的重大贡献。

袁隆平爷爷的梦，也是后来者的梦。种子，蕴含着生生不息的力量。这种力量，正在无数后来者和奋斗者之中传承。“风吹过稻田我就会想起你。”我们每个人都要像袁隆平爷爷一样做一粒好种子，将个人梦想融入中国梦，在祖国的大地上生根发芽，培养浇灌，在平凡的岗位上执着坚守，在自己的领域里创造成绩(图2-1)。

图2-1　“共和国勋章”获得者袁隆平

二、马体部位常识

准确了解马匹的身体结构，有助于马匹护理人员在马匹出现突发状况的时候能够准确地判断身体部位并向兽医进行反馈，同时有助于准确判断马匹的健康状态，识别马匹的危险行为，保障马匹护理人员的操作安全。

(一)马匹身体

马匹身体分为3段：前躯、中段、后躯(图2-2)。马匹是一个头重脚轻的动物，所以经过良好训练的马匹会知道用后肢发力。尤其障碍马匹，如果不会用后肢，将会影响其训练及比赛。

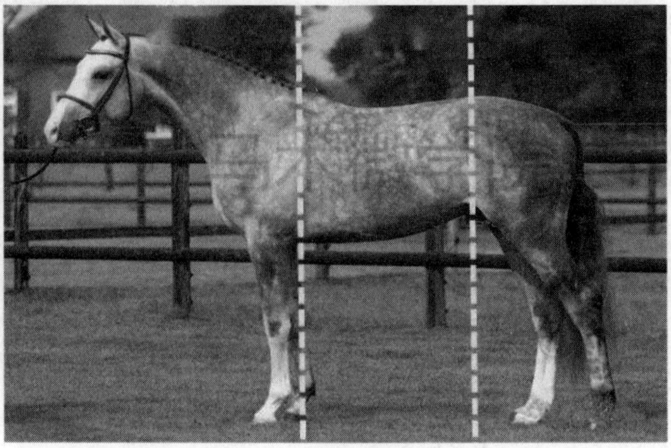

图 2-2 马匹身体分三段

(二)马匹身体结构

马匹身体结构十分复杂,有 205 块骨骼和 700 块肌肉。马的身体构造决定了马的四肢向前后摆动伸缩的幅度大、速度快,而向两侧摆动则幅度小且比较缓。马匹的基本结构见图 2-3。

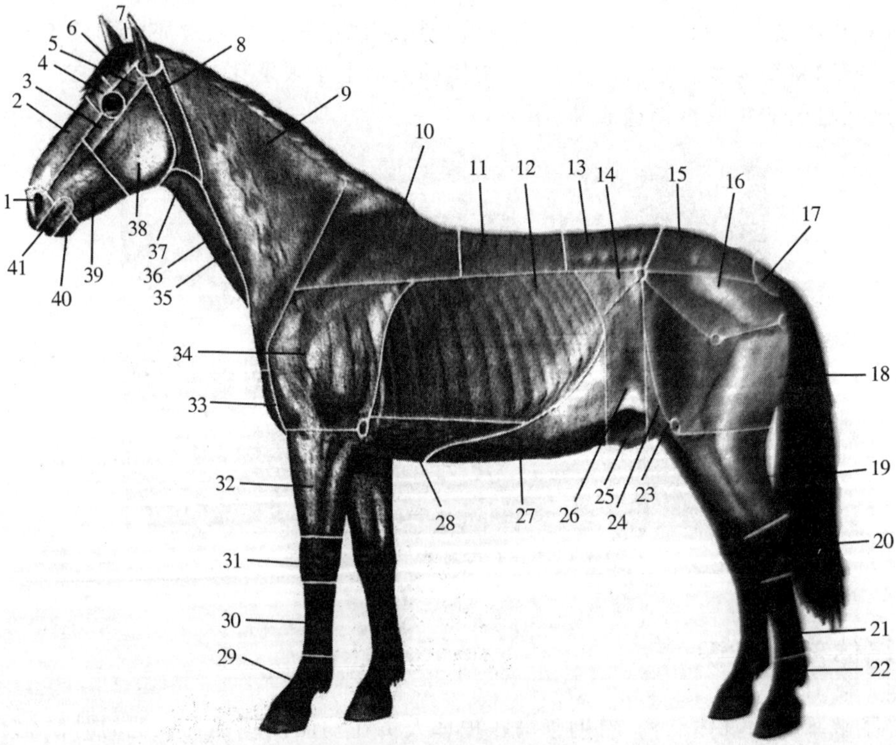

图 2-3 马匹的基本结构

1. 鼻孔部;2. 鼻部;3. 眶下部;4. 额部;5. 颞部;6. 顶部;7. 枕部;8. 腮腺部;9. 颈侧部;10. 鬐甲部;11. 背部;12. 胸侧部;13. 腰部;14. 肷部;15. 荐部;16. 臀部;17. 尾部;18. 股部;19. 小腿部;20. 跗部;21. 跖部;22. 趾部;23. 耻骨部;24. 左腹股沟部;25. 脐部;26. 左髂部;27. 剑状软骨部;28. 胸腹侧部;29. 指部;30. 掌部;31. 腕部;32. 前臂部;33. 胸前部;34. 肩臂部;35. 颈静脉沟;36. 颈腹侧部;37. 喉部;38. 咬肌部;39. 颊部;40. 颏部;41. 唇部

（三）马匹四肢

马匹四肢分为前肢和后肢。

1. 前肢

肩胛部、臂部、前臂部、前脚部、腕部、掌部、指部。

2. 后肢

大腿部、小腿部、后腿部、跗部、跖部、趾部。

任务实施

马匹洗浴是马匹护理技术中一项重要的技术。

一、知识点

（一）洗浴作用

（1）水洗是清洁马体的方法之一，马匹运动流汗后，进行水洗，可去除马匹身上的尘土与汗水等污物，保持马匹体表清爽，避免发生皮肤病。

（2）运动训练后的马匹用凉水冲腿可以起到良好的冷敷作用，防止发生屈腱炎（胀筋）等疾病。

（二）洗浴天气选择

给马匹洗浴前一定要选择合适的天气，要选择温暖晴朗的天气给马匹洗澡，不能选择阴暗潮湿的天气。因为温暖晴朗的天气，马匹洗澡后能在阳光下晒干身体，不会因为身体长时间潮湿而生病。气温水温偏低、有大风天气，病马或者训练后，出汗未干的马不能洗浴。晴朗天气马匹洗浴见图 2-4。

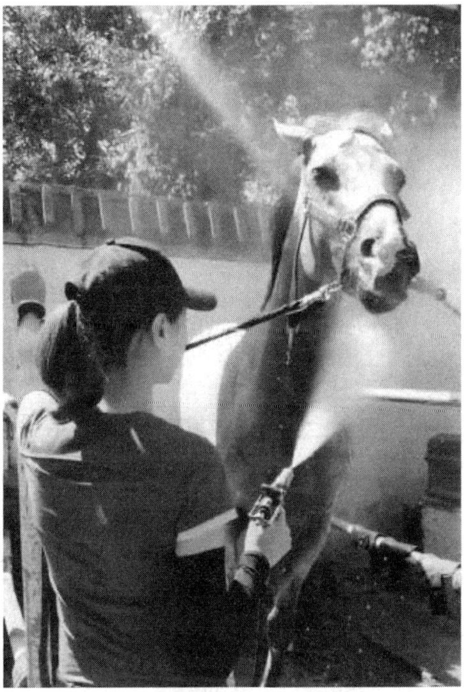
图 2-4　晴朗天气马匹洗浴

（三）洗浴地点的选择

建立一个专门给马匹洗浴的房间，如果条件不够没有马匹专门洗澡间，那就选择干净的砖地或较粗糙的水泥平地（也可以在平地上铺上胶垫）给马匹洗澡。不能在附近有泥水的地方给马匹洗澡，以防洗完澡蹭一身泥。马匹洗浴地点见图 2-5。

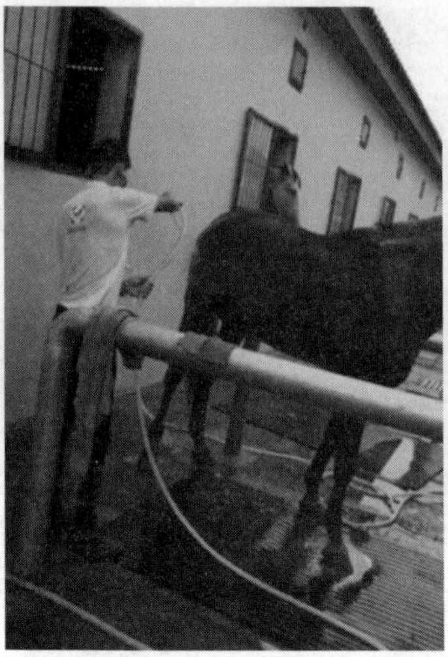
室外平地

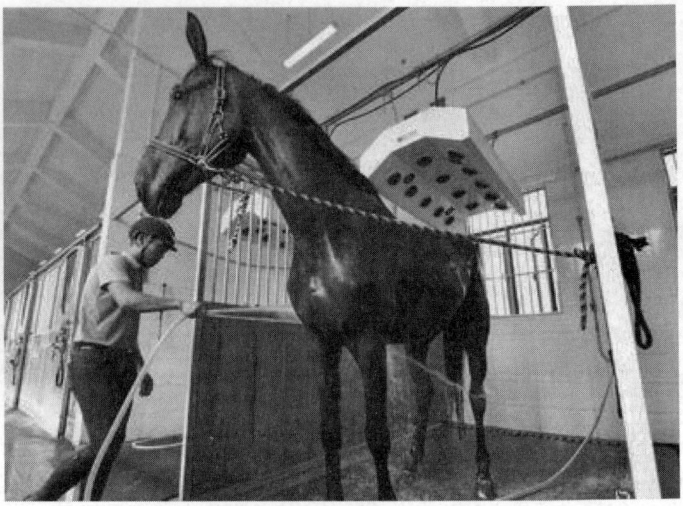
专门洗澡间

图 2-5 马匹洗浴地点

(四)马匹洗浴工具和洗浴物品的准备

马匹洗浴前,需要事先准备好各类洗浴工具和洗浴物品。马匹洗浴的必需品有:吸水海绵、梳毛刷、装温水的水桶。洗浴物品有:马匹洗澡专业沐浴露、洗发液、擦水的干毛巾,有条件的还可以准备马匹专业精油,用于滋润马匹的皮肤。马匹洗浴工具和物品见图 2-6。

海绵

梳毛刷

水桶

沐浴洗发液

毛巾

精油

图 2-6 马匹洗浴工具和物品

(五)制定马匹洗浴方案

1.马匹洗浴前的准备工作

(1)选择温暖晴朗的天气。

(2)选择专门给马匹洗澡的房间或者干净无泥水的砖地或较粗糙的水泥平地(也可以选择平地上铺上胶垫)给马匹洗澡。

(3)准备好各类洗澡工具和洗浴物品。吸水海绵、梳毛刷、装温水的水桶,马匹洗澡专业沐浴露、洗发水、护发素、擦水的干毛巾、马匹专业精油。如果马是灰色的或有很多白色斑纹,需购买单独的美白洗发水。

2.洗浴流程

第一步:将马匹拴系到专门给马洗浴的地方。

第二步:用水管或水桶淋温水将马匹全身打湿。

第三步:将马匹专用的沐浴露挤到桶装的温水里。

第四步:用海绵蘸混合好的洗澡水,然后擦拭到马身上。

第五步:将马匹专用的洗发露挤到手上,轻揉鬃毛和尾毛,用桶装的温水洗净洗发露,再使用马匹专用的护发素,操作如洗发露。

第六步:冲洗干净马匹,确定马匹身上没有任何泡沫了。

第七步:用水刮把多余的水刮下来，刮水小技巧:顺着毛的方向刮。

第八步:用海绵蘸取沐浴露擦拭马匹面部,不要弄到眼睛里,蘸取清水擦拭掉泡沫。

第九步:用梳毛刷给马梳鬃毛和尾毛,如果有打结的地方用手指轻轻弄开。

第十步:用毛巾把马的全身擦干。注意毛巾挤干水。

第十一步:晾干或烘干水分。

(六)马匹洗浴注意事项

(1)根据天气状况决定清洁方式。如果天气炎热,可以给马匹洗澡;如果天气不是很热,则冲洗马腿,确保马腿干净。气温低于 24 ℃就不能给马洗澡了。

(2)在卸下马匹的装备后,进行全身检查,查看是否有外伤或任何不寻常的状况。

(3)刚运动完的时候不要急于给马冲凉,而是要牵遛至呼吸基本平稳,也不能用过于冰凉的水直接冲洗背部。

(4)在适宜的环境条件下,马匹也是可以在冬天洗澡的,但需要具有几个条件,水足够温暖,沐浴区有烤灯,这样马才不会着凉感冒。

(5)在清洗马的脖颈、肚带处、后膝、胯下以及尻部尾下容易出汗的地方时,需要特别注意洗涤擦干,因为这些区域都是马匹的多汗位置。容易引起皮肤病。

(6)在清洗马的尾巴时也要特别注意,不要直接抓住马的尾巴各种乱拽清洗,小心被马踢。

(7)当给马匹洗完澡后,要记得用水刮尽可能地刮掉马匹身上多余的水,再用干毛巾擦一遍马的身体,这样会干得快一些,记得四肢和蹄上的水也要擦干净。

(8)洗浴完毕,一定要在阳光下晒干剩余水分,这样做有利于钙质的吸收。如果没有阳光就要在烘干房烘干。

(9)洗浴马匹时注意判断马匹是否着凉,如果发现马的毛不顺,是竖着的;或者是洗澡的时候马在发抖,则可能是水太凉或者是气温太低了,就要停止洗浴。

(10)使用性质温和的沐浴露清洗,避免破坏马匹皮毛中的天然油脂。

二、技术操作

马匹洗浴分为简单洗浴和彻底洗浴,下面就详细介绍这两种洗浴技术操作过程。

(一)简单洗浴

简单洗浴,只用水冲刷去除马表面泥垢和汗渍即可,注意不要将水弄进马耳。

(1)准备洗马工具,将马拴好。

(2)冲洗全身。对于运动后的马匹,体温恢复前不要冲洗全身,先冲腿降温。

按照从前往后,从上向下,从左到右的顺序用温水(水温在 15 ℃以上)冲洗,将马匹冲洗干净,尤其是四肢和体躯结合处一定要冲干净,最后冲洗腰部。冲洗头部和腹部一定要小心,一是要防止水溅到眼睛;二是腹部皮肤薄,易惊到马匹,尽量不要冲洗,可以用海绵擦拭干净。

(3)冲洗完成后,顺着马匹的毛发用梳毛刷梳理鬃毛。

(4)清洗马匹的尾巴。把装满水的水桶放在台子上(台子高度以能让马的尾巴几乎全部浸泡在水里为准),将马匹的尾巴浸入水桶中,完全打湿后用软海绵轻轻擦拭尾巴,再冲洗干净。马匹简单洗浴见图 2-7。

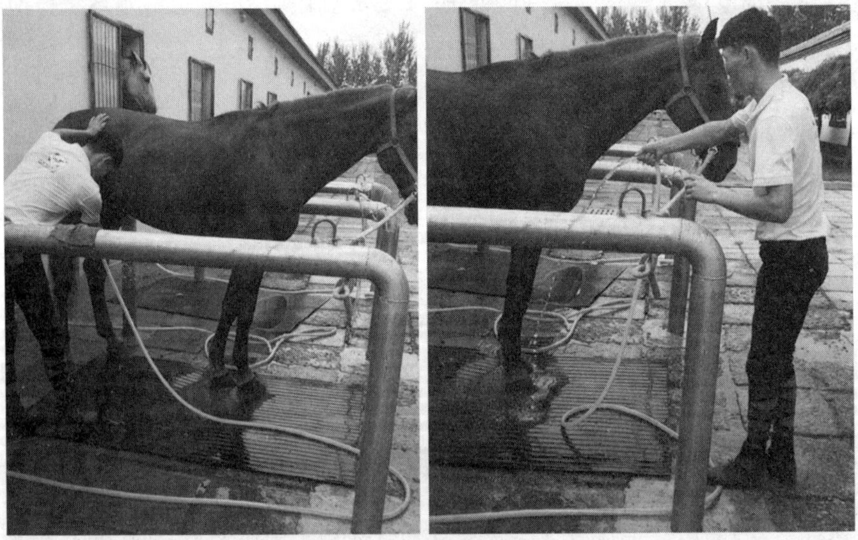

图 2-7　马匹简单洗浴

(二)彻底洗浴

1. 彻底清洁马体

(1)打湿马体。先用温水从脖子到蹄子冲淋马体,彻底弄湿马体,包括鬃毛和尾毛。准备一桶温水,放入适量马匹专用洗发液(可根据马匹实际情况增加洗发液和水),用手搅拌均匀,将海绵浸入水中沾满泡沫擦拭马体。从颈部开始,按照从前往后,从上到下,从左到右的顺序擦拭，注意不要擦头部。也可以将海绵打湿，把洗发液均匀涂抹在海绵上，再用海绵擦拭马体。在马匹被毛上如果有白色标记或白色被毛区域，可以使用美白洗发液。

(2)冲洗马体。这是洗浴中最重要的一步。在马可以承受的最高压力流上，使用温水从马脖子的顶部开始冲洗，然后沿着背部和腿部的方向进行。重复冲洗，直到没有泡沫残留。

(3)全身刮水。用水刮从头到脚把马匹全身水分刮出，将鬃毛中的水分挤出。

(4)擦拭全身。用干毛巾仔细擦拭马匹的身体，尤其是腹下和四肢的水，要特别仔细地擦，否则引起马匹感冒，也会滋生细菌得各种皮肤病。

2.清洗马尾

(1)准备一桶温水，放入少许洗发液，搅拌均匀，把水桶放在合适的台子上(台子的高度以使尾巴能自然浸入到水桶中为宜)。

(2)把马的尾巴自然浸入水桶中，完全打湿后，用软海绵轻轻擦拭尾毛或者用双手搓洗水桶里的马尾，再用流动水将马尾冲干净。

(3)用带着洗发液的海绵轻轻清理尾巴根部。

(4)拿毛巾擦干马尾。

对于特别容易干燥打结的马尾，清洗完后，可使用马用护发素，从上至下均匀涂抹，可以有效地防止马匹尾巴打结。

3.清洗鬃毛

(1)打湿鬃毛。准备一桶温水，用海绵或毛巾浸透温水，将鬃毛打湿(也可在开始使用水管冲湿)，将洗发液直接涂抹在鬃毛上(或先把洗发液均匀涂抹在海绵上)，再用海绵擦拭鬃毛，直到清洁干净。

(2)冲洗。使用清水冲洗或者用海绵蘸水擦拭，反复进行直到没有泡沫。

(3)使用水刮将鬃毛上的水分刮干，用毛巾擦干。

4.清洗头部

先用海绵或毛巾弄湿马脸。不要用软管喷洒，再用干净、湿润的海绵或抹布，在脸上擦拭，直到没有洗发液残留

5.清洗马蹄

一般用刷子沾水刷拭或者直接冲洗。冲洗马蹄在最后进行，但不是必要程序。如果马蹄上没有明显的污物，则不需要清洗。冬季或者潮湿天气清洗马蹄后，可以在蹄踵上涂抹一层凡士林，降低感染风险。

6.晾晒马体

洗浴完成后，仔细梳理鬃毛和尾巴，让马匹在阳光下晒干水分，阴天或冬天也可以将马牵至烘干房进行烘干，再涂上护肤的精油。

7.收拾工具

将洗马工具放在通风处及时晾干，不得互相借用，否则极易传播真菌或霉菌，导致马匹感染皮肤病。彻底洗浴马身过程见图2-8，干净马尾见图2-9。

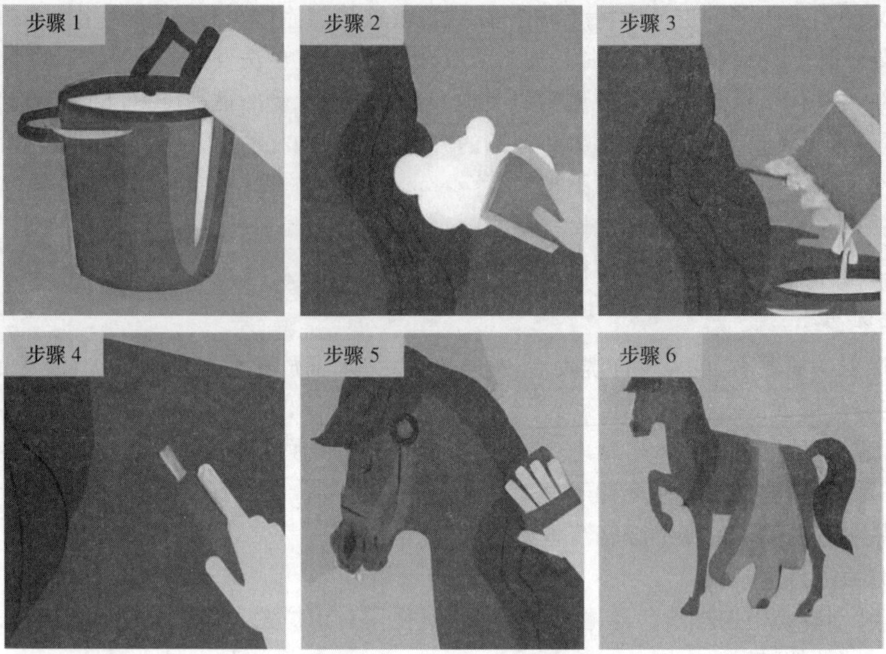

图 2-8 彻底洗浴马身过程

图 2-9 干净马尾

以上护理过程中，均要注意随时抚摸马体，建立人马亲和。由于经常擦洗会使马匹丢失被毛里面的油脂，使被毛失去保护引起皮肤病，因此要避免给马频繁洗浴。

任务小结

马匹洗浴采取项目化理实一体的教学方法，分三段式进行，即课前、课中和课后完成学习任务。

(1)学生通过学习马匹洗浴熟记马匹洗浴作用，会正确选择马匹洗浴工具、物品、天气和场地，会制定马匹洗浴方案和熟知注意事项等知识目标。

(2)技能学习采取示范法和技能训练法，教师示范流程如下：

简单洗浴：天气晴朗的时候，将马匹拴系在固定洗浴场所带上笼头→选择马匹洗浴工具放在工具袋中，提到洗浴场地→对马匹进行全身抚摸，建立亲和关系→简单洗浴，用水桶或水管里的温水刷去表面泥垢和汗渍即可→用毛巾擦干全身→日晒或烘干。

彻底洗浴：马匹拴系在固定洗浴场所带上笼头→选择马匹洗浴工具放在工具袋中，提到洗浴场地→对马匹进行全身抚摸，建立亲和关系→用温水对马匹进行简单冲淋，包括鬃毛和尾毛，彻底弄湿马体并除去表面泥垢和汗渍→水桶中放入温水和马用洗发液，用海绵蘸取刷洗全身→用清水冲洗干净全身→用水刮刮干全身的水渍→毛巾擦干全身→用洗发液清洗尾毛、鬃毛，清水冲洗，刮干水分→用洗发液擦拭脸部，用清水洗净→清洗马蹄→日晒或烘干。马匹洗浴示范流程见图2-10。

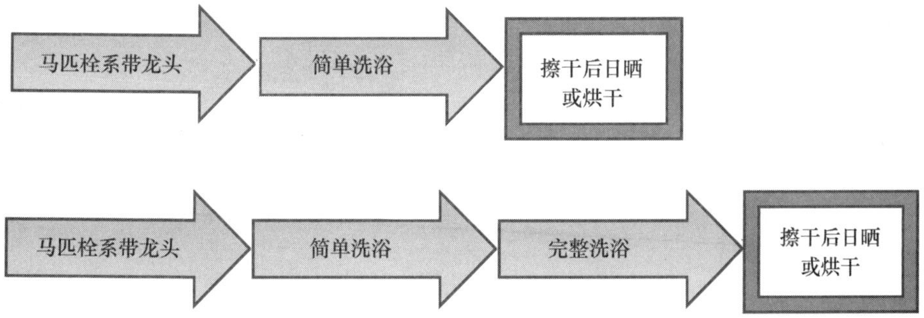

图2-10 马匹洗浴示范流程

学生观摩教师示范后，两两一组采取技能训练法开展马匹洗浴操作，训练过程中教师督导，通过技能训练达到会熟练操作马匹洗浴的技能目标。

(3)教学实施过程中，与学生分享袁隆平爷爷：改变世界的“禾下乘凉梦”，让学生明白劳动创造美好生活；技能训练过程中潜移默化培养学生热爱劳动，不怕吃苦，耐心、细致的劳动品质，从而达到本项目素质目标。

拓展提高

一、马匹的基本骨骼结构

与所有哺乳动物的骨骼一样，马的骨骼反映了它们的生活方式。长长的、肌肉发达的颈部让马可以吃草地上的草和矮小的植物，这些都是天然饲草的组成部分；当马快速奔跑时，颈部也有助于马保持身体平衡。马不仅有与众不同的长腿，还有能容纳大心脏和肺的大胸腔，这些都使它们能够以极快的速度和极强的耐力进行长距离奔驰。马匹骨骼结构见图2-11。

(一)马的头骨

马的头骨又长又窄，眼睛位置很高，位于头的两侧。这个位置意味着马能够在吃草的同时有全方位的视野来提防捕食者。头骨原本由许多块相互分开的骨头组成，这些骨头的边缘会不断生长，直到马发育成熟，随后它们将融为一体，以容纳大脑、眼睛和鼻腔。下颌的两半也将

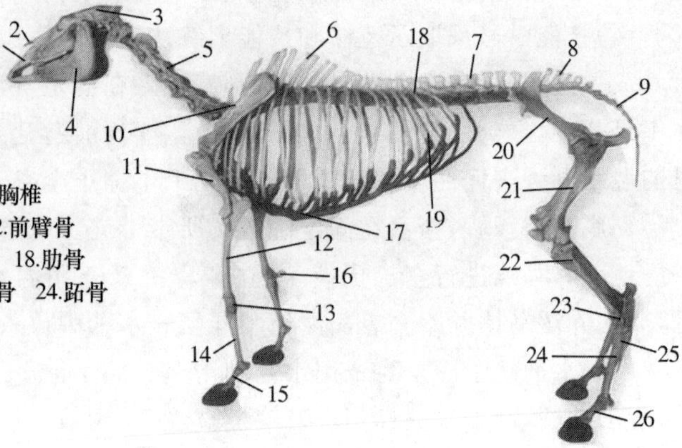

马全身骨骼

1.切齿骨 2.鼻骨 3.额骨 4.下颌骨 5.颈椎 6.胸椎 7.腰椎 8.荐椎 9.尾椎 10.肩胛骨 11.肱骨 12.前臂骨 13.腕骨 14.掌骨 15.指骨 16.副腕骨 17.胸骨 18.肋骨 19.肋软骨 20.髋骨 21.股骨 22.小腿骨 23.跗骨 24.跖骨 25.第四跖骨 26.趾骨

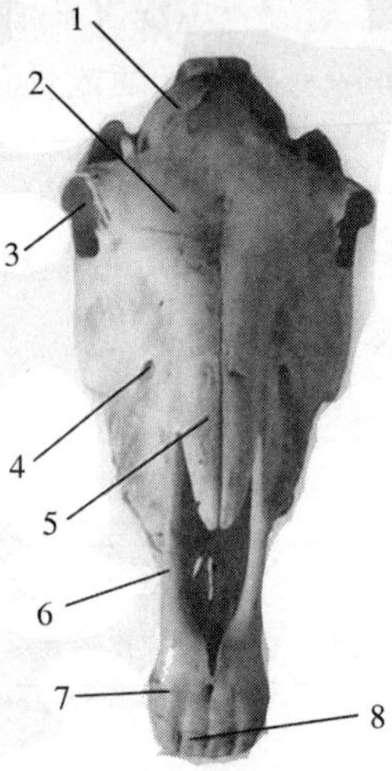

马头骨顶侧观

1.顶骨 2.额骨 3.眼眶 4.眶下孔 5.鼻骨 6.上颌骨 7.切齿骨 8.门齿

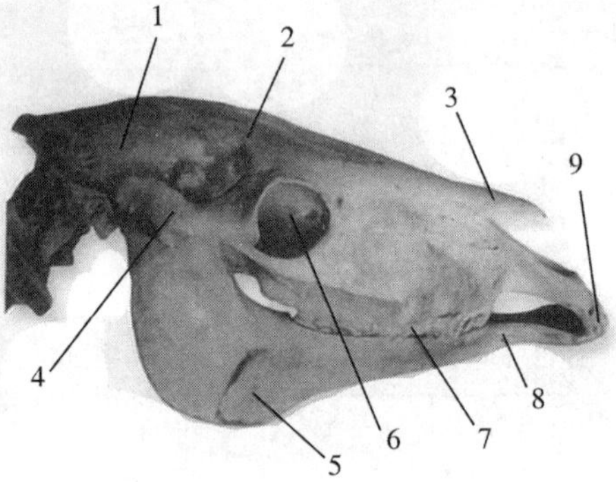

马头骨侧面观

1.顶骨 2.额骨 3.鼻骨 4.颞骨 5.下颌骨 6.眼窝 7.颊齿 8.颞孔 9.切齿

图 2-11 马匹骨骼结构

融为一体，形成下颌骨，它可以上下移动和侧向移动。马有两排长长的牙齿(多达 40 颗)，这些牙齿可以把草磨成小颗粒以便吞咽。长长的口吻部提供了足够的空间以容纳鼻窦和其他器官，这是马嗅觉的必要条件。

(二)马的身体

马的身体长而健壮。它们的颈椎有 7 块椎骨。头盖骨的后部刚好可以卡入寰椎(第一颈椎)前方深深的凹槽中构成关节，这使得马的头部可以上下移动。枢椎(第二颈椎)的前方有个短突起，它正好可以与寰椎的后部相吻合，使得马的头部可以左右移动。剩下的 5 块颈椎以浅浅的球窝与关节相连，这意味着马可以将头部转到肋腹来挠痒痒，也可以低下头吃草。颈部中的椎骨和尾巴中的尾椎骨一样，是马的脊柱中最灵活的部分。因为有它们，马可以通过改变重心来保持平衡，特别是在高速奔驰转弯时。

(三)马的胸椎

马的胸椎有 18 块椎骨，椎骨上缘有长长的棘突。在肩部，它们构成了肩隆。这些椎骨侧面的小平面支撑着肋骨的头。前 8 根肋骨与胸骨直接相连，其余的肋骨则和软骨形成弧形，彼此相连。这一切构成了一个坚固的“笼子”，为心脏、肺以及其他器官(如肝脏)提供保护。

(四)马的腰椎

腰椎的 6 块椎骨两侧都有较长的横突,保护着肾脏。脊柱部分很强壮且相对稳固,增强了后腿产生的驱动力,还承载了马消化系统的重量。在腰椎之后是 5 块低椎骨,它们融为一根骨头,与骨盆带由许多坚韧的短韧带相连接。

(五)马的四肢

马的前腿通过肌肉附着在躯干上,可以在胸廓上方前后移动,这样马就能大步行走。当马快速奔跑时,前腿的运动与呼吸协调一致。马的肩胛骨下缘非常平坦,能允许这种运动方式,而肩胛骨顶部边缘有一块坚固的软骨,它增大了肌肉附着的区域。肱骨上端与肩胛骨相接,下端向后倾斜,在肘部连接桡骨和尺骨。尺骨变得很小,与桡骨融为一体,这是一种有助于快速奔跑的适应性改变。马的后腿通过球窝关节与骨盆相连,这使得后腿能够踏在身体的正下方。后腿的大腿部分骨骼强健。股骨从骨盆处开始向前倾斜,下端与胫骨关节相连,胫骨外侧面有一块非常小的腓骨,与之一起向下。股骨与胫骨之间的关节被称为后膝关节,最大的籽骨髌骨(膝盖骨)也在这里。胫骨下方的关节被称为飞节,它相当于人的脚踝。

马的小腿骨骼上有一根单独的"脚趾",两侧有赘骨(其他脚趾的残余)。马的腿骨很长,这使它们的步幅进一步加大。马的前腿比后腿更结实,也更短,因为与后腿相比,马的前腿要承受更大的重量。马的小腿骨量减小,这使得它们的四肢更轻盈,也减少了对肌肉的需求。但这也导致马的行动不灵活,比较直观的表现就是马在躲避捕食者时一般都沿直线奔跑。

二、马匹的消化系统

马历经千百万年生存下来,依仗的就是奔跑。为了能快跑,马的全身各部位器官都朝此方向进化。因此,马的胃容积小,贲门紧缩而幽门通畅。马的小肠细长,某些入口部位狭窄。大肠粗大,内部可生存大量的微生物,帮助酵解食物中的纤维,同时产生大量气体。食物进入消化道后,一般经 24 h 排出 10%,36 h 排出 50%,72 h 全部排空。马匹消化系统见图 2-12。

马的消化系统由口腔、咽、食道、胃、肠、肝、胰等器官组成,其生理功能是消化和吸收其中的营养成分,并排出残渣。

(一)口腔

口腔包括唇、齿、舌和颊,在正常情况下舌呈桃红色,无特殊气味,舌背无舌苔。唾液腺分泌的唾液,直接流入口腔。口腔具有采食、咀嚼、湿润食物和形成食团的作用,另外还有味觉的机能。

(二)咽

咽为呼吸和消化的共同通道,有调节食物进入食道的作用。

(三)食道

食道是食物的通道,前端与咽相连,后端接胃的贲门。

(四)胃

胃位于腹腔前部,肝和膈的后方,大部在左季肋区。前端贲门接食道,后端幽门接十二指肠。黏膜具有胃腺,能分泌消化酶,进行糖类和蛋白质的分解。单胃,相当于牛胃的 1/8~1/7,易少量多喂,饲喂过多易发生急性胃炎。

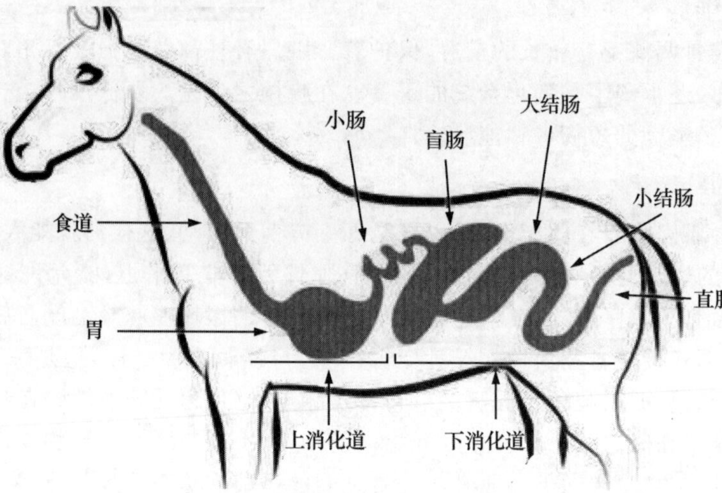

图 2-12 马匹消化系统

(五)小肠

小肠最前端的一段称为十二指肠,与胃相连,并有胆管和胰管的开口;十二指肠的后端连着空肠;回肠前与空肠连接,后接盲肠,回肠入盲肠处有一开口称为回盲口。马的小肠大部分在腹腔的左后方。小肠内壁具有肠腺,分泌碱性肠液,肠液里有多种消化酶,胰液中的消化酶、胆汁中的胆盐,可以消化饲料中和微生物体内的营养物质,并加以吸收,同时由于肠管的不断蠕动,能把剩余内容物运送到大肠。

(六)大肠

大肠起自回盲口,止于肛门,按前后顺序分为盲肠、结肠和直肠三部分。大肠主要功能是吸收水分,分泌黏液,使食物残渣形成粪便,排出体外。马的大肠管直径较粗,容量较大,可较长时间潴留内容物,进行发酵,分解和吸收。盲肠分为盲肠底、盲肠体和盲肠尖。盲肠底和盲肠体几乎全部占据了右髂部,紧接腹壁,盲肠尖前端在剑状软骨后方一掌处。结肠分为大结肠和小结肠。大结肠口径大小不一,结构特殊,所以马属动物最易发生结肠症。小结肠较细,位于左髂区。直肠在骨盆腔内脊柱下方,后通肛门。

(七)肝

肝位于腹前部,为动物体中最大的腺体。肝脏是整个机体代谢的枢纽,可以对血液中的营养物质进行加工、转换、储存、解毒,此外它还可以分泌胆汁。胆汁是碱性,可中和胃酸,维持肠道正常的酸碱度,同时在脂肪的消化吸收过程中起着重要的辅助作用。

(八)胰

胰脏位于后季肋部,与十二指肠紧贴。胰腺分泌胰液,为碱性,能中和胃酸,维持肠道的酸碱度,并含有多种消化酶,对小肠中营养物质的消化起着重要作用。此外,胰腺分泌的胰岛素具有内分泌功能。

腹壁的内层和腹腔内脏的表面盖着一层薄膜称为腹膜。腹壁内层和内脏间的空隙叫腹膜腔,腔内有少量液体,以减少摩擦。

三、马的毛色及特征

(一)马匹毛色

马匹毛色是指马体被毛和保护毛的颜色。被毛是指分布于马体表面的短毛;保护毛是指鬃、鬣、尾和距毛,也称长毛。马体上不仅被毛本身可出现多种毛色,而且还因保护毛与被毛间在毛色上存在的多种差异,使马的毛色较其他家畜复杂,马的毛色除可表现马的俊美之外,也是个体身份鉴别的重要依据。

毛色可以反映一匹马的品种特征、性能状态、遗传特点和健康状态等,常常以毛色作为决定马匹选种的依据,来进行选配工作。马匹毛色种类复杂,有的毛色易于区分,有些则很难辨别,目前有多种毛色分类标准,常用的分类方法是将毛色分为两大类,即单色和复色。单色指的是全身被毛只为一种颜色,尾毛鬃毛颜色只作为详细分类的依据,单色毛包括栗毛、骝毛、黑毛、白毛等。复色指的是被毛由两种或两种以上颜色构成,如青毛、花毛、沙毛、斑点毛等。下面对一些常见马的毛色进行介绍。马的毛色分类见图 2-13。

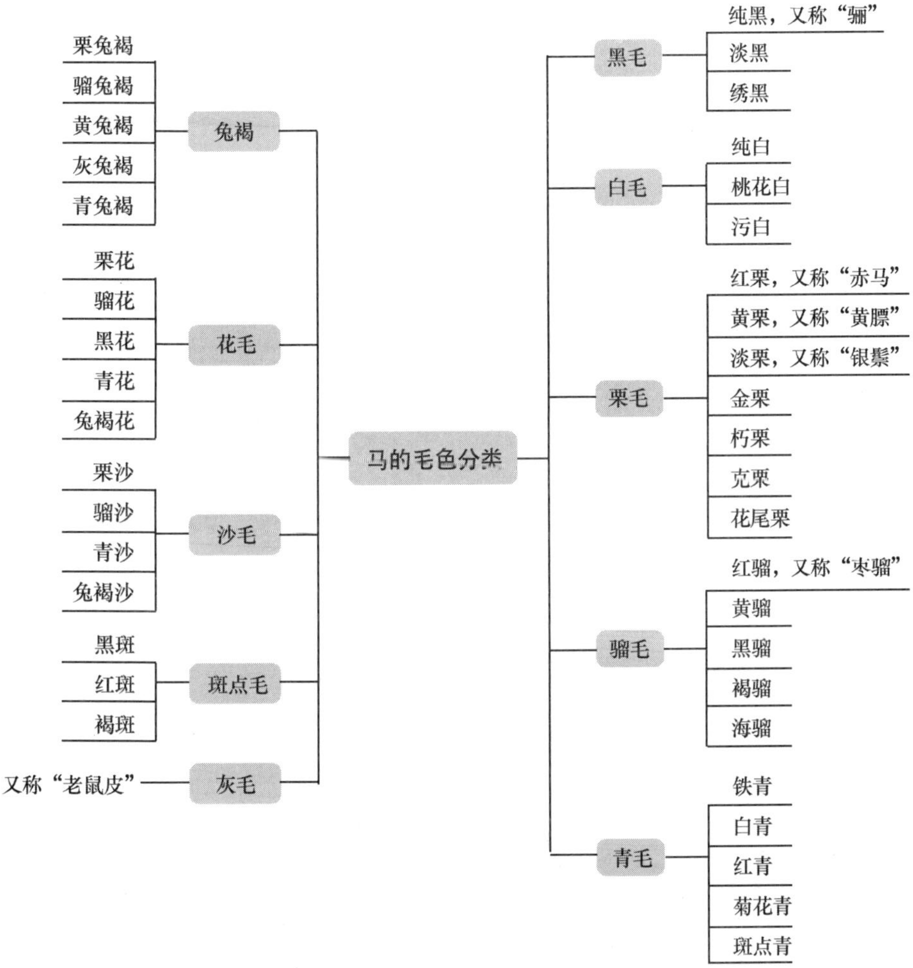

图 2-13　马的毛色分类

1.骝色

骝色指的是长毛(鬃毛和尾毛)、四肢下部为黑色的马,其中四肢下部的黑色经常出现白色区域。骝色是马匹中最常见的毛色。

根据被毛颜色的不同,骝色马又分为红骝(又称枣骝)、黄骝、黑骝等。被毛为红色,长毛和四肢以下为黑色的称为红骝。依此类推,被毛为黑色,长毛和四肢以下为黑色的称为黑骝,但是黑骝和黑马的区别是黑骝口、鼻和眼睛周围的毛色较淡,呈茶褐色或灰白色。骝色马见图 2-14。

枣骝

黄骝

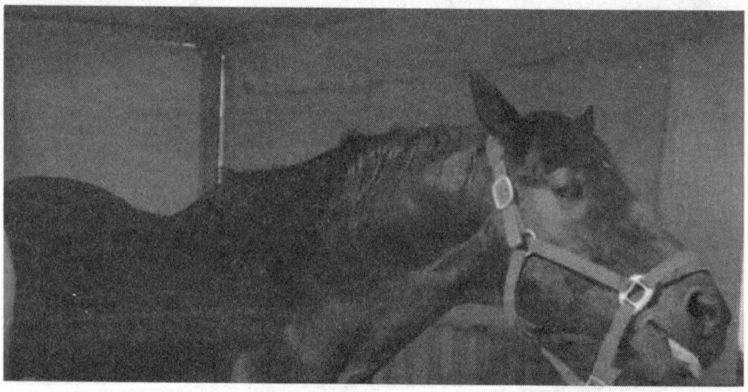

黑骝

图 2-14 骝色马

2.栗色

栗色,即深红棕色,类似熟栗子皮的颜色(图 2-15)。

栗色的马最为常见。被毛红色叫红栗,又称枣红马、赤马;被毛黄色长毛稍淡的称为黄栗,又称黄膘;被毛淡黄长毛稍白的称为淡栗,又称银鬃。

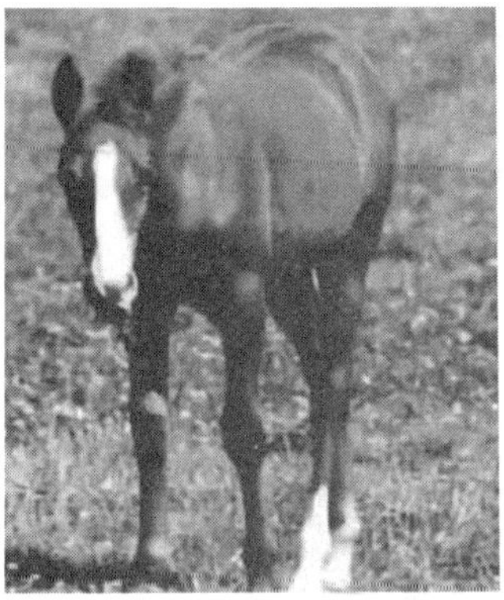
红栗（枣红）

黄栗（黄膘）

淡栗（银鬃）

图 2-15　栗色马

3. 青色

青色马是指全身被毛和长毛均为黑白毛混合。特点是年幼时黑多白少，随着年龄的增长，变成黑少白多，老龄时甚至全身都白了，此时与白马的区别是眼、皮肤和蹄壁均有色素。

根据白毛的多少，青马又分为铁青（年幼时黑多白少）、菊花青（黑白相间的菊花花纹）、红青（黑白混合＋毛尖稍红）、斑点青（10 岁左右）和白青（老龄时黑少白多）。青色马见图 2-16。

铁青

菊花青

红青

斑点青

白青

图 2-16　青色马

4. 黑色

黑色马最简单，马全身被毛和长毛都是黑色，没有任何其他颜色。根据黑色的深浅分为三种：纯黑、淡黑和锈黑。纯黑是具有光泽的黑色，又称“骊”。锈黑是指毛尖稍有红色，看起来像铁锈一样。黑色马见图 2-17。

纯黑（骊）

图 2-17　黑色马

5. 白色

白色马的特点是被毛和长毛均为乳白色，眼、皮肤和蹄壁多因缺少色素而呈肉色(图 2-18)。

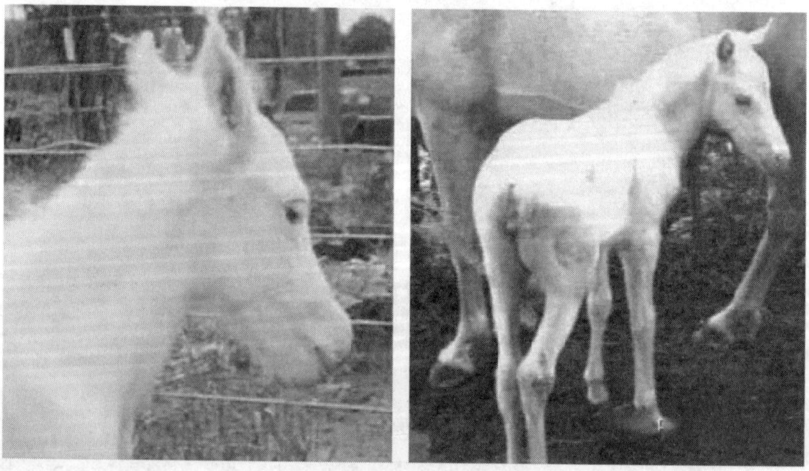

图 2-18　白色马

6. 兔褐毛

所谓兔褐色其实就是指像兔毛一样的暗褐色。被毛可以是栗骝黄灰青，长毛内部为黑色，表面颜色同被毛。

兔褐毛有两个重要特点：背线和四肢下部接近黑色(有的前膝有虎斑)。如果四肢下部和长毛都是黑色的话，有人可能会误认为是骝色，此时就要看有没有背线，有背线就是兔褐毛，没有背线就是骝毛。兔褐色马见图 2-19。

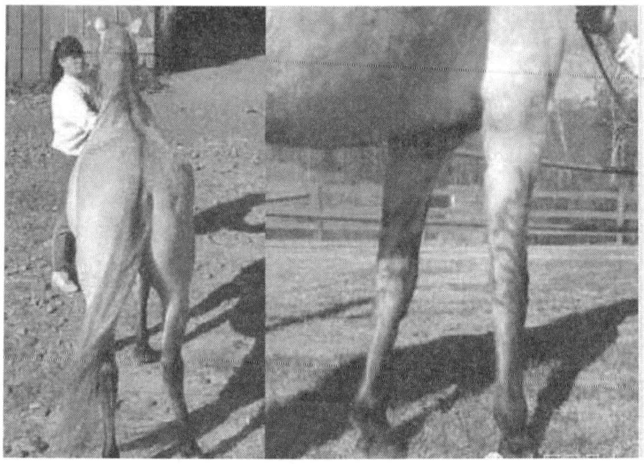

兔褐（背线、虎斑）

兔褐（背线）

图 2-19　兔褐色马

7. 花毛

“花”指的是白斑。花毛就是全身散布大小不等的白斑。在黑、栗、骝、青、兔褐基础上有白斑的马分别称为黑花、栗花、骝花、青花和兔褐花（图 2-20）。

黑花

青花

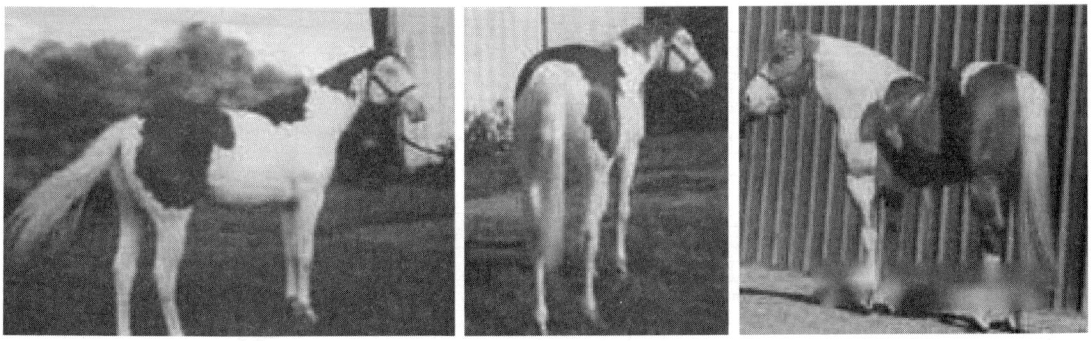

栗花

图 2-20　花毛马

8. 沙毛

"沙"指的是少量白毛。沙毛就是全身散布少量白毛。在栗骝青基础上有少量白毛的马分别称为栗沙、骝沙和青沙(图 2-21)。在兔褐和银鬃马身上有少量白毛的话就称为兔褐沙、银鬃沙(图 2-22)。

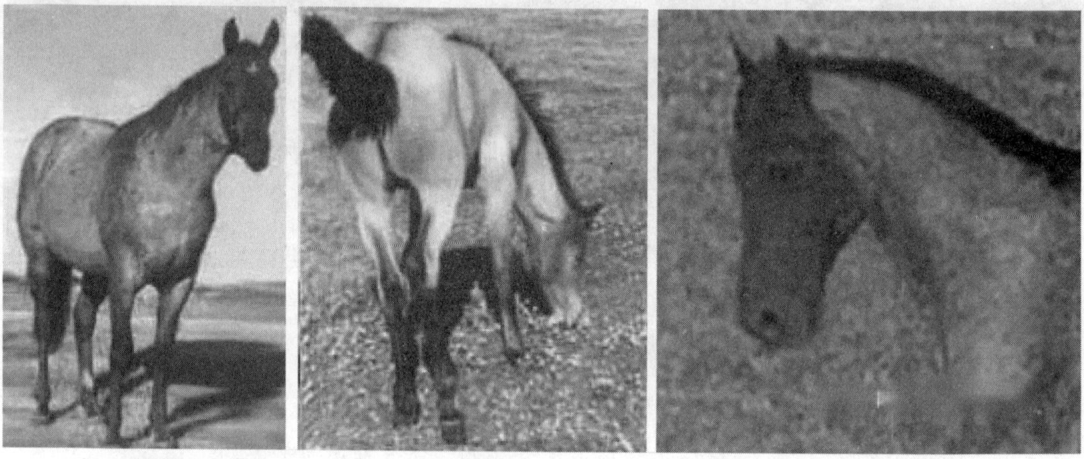

栗沙　骝沙　青沙

图 2-21　栗骝青基础上有少量白毛的马

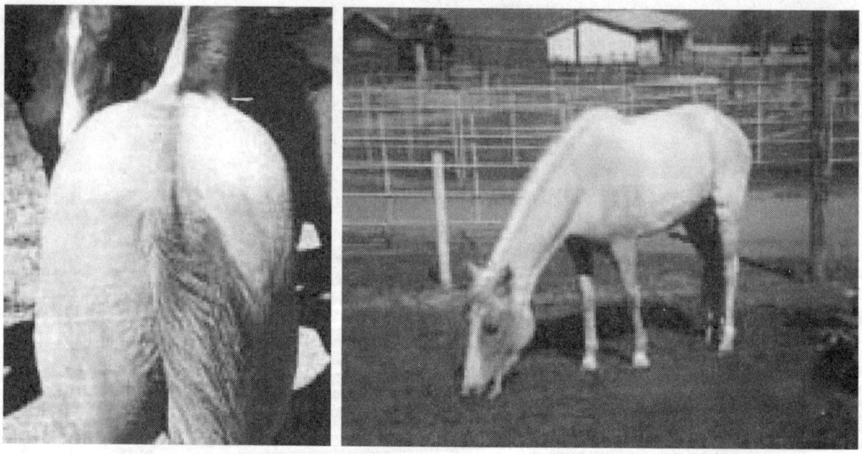

兔褐沙　银鬃沙

图 2-22　兔褐和银鬃马身上有少量白毛的马

9. 斑点马

斑点马指的是在白毛马的基础上全身分布斑点的马(图 2-23)。斑点马就像斑点狗一样，在美国已经被定向培育成一个品种。

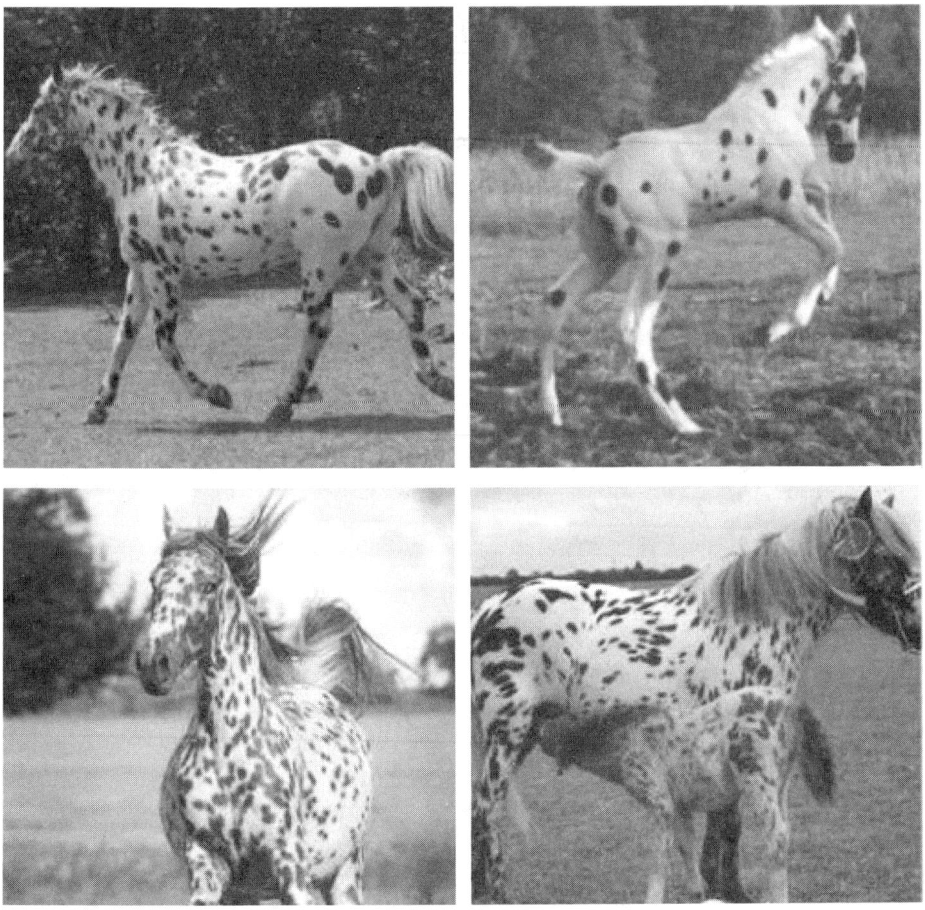

图 2-23　斑点马

(二)马匹特征

众多毛色、体态相似的马匹看起来都别无二致,难以区分。在赛马比赛中,观众还可以通过骑师的彩衣来辨别马匹,那么在平日里,我们怎样准确辨别一匹马呢?这就要依靠马匹与生俱来的独特印记——马匹特征。如同人的指纹一样,马匹特征是马匹唯一的特性。这些特征为高大的马匹增添几分可爱的同时,也为其在群马中提升辨识度产生了巨大作用。当然,更为重要的是,这些特征在马匹注册或买卖时会被记录在册,成为其一生的特有标记。

1. 马匹面部特征

马匹面部特征也称头部白章,是马头部的一些特征,主要有额星、鼻星、额流星、白焰、白面、粉口以及鼻端白等。对于毛色相同而难以分辨的马匹来说,头部白章可以作为辨认区分马的标志。

(1)额星是马前额近似圆形的小白斑,如果白毛过少不能称为额星时,称为飞白。此外,根据额星的大小与形状将它进行细分为小星、大星、菱星、三角星、卵形星、弯曲状星、心形星、有边缘星(此星边缘是白毛与被毛的混合毛)以及多角星(即有两个以上顶点的额星)等。还有的额星不能被划为任何特定的类型时,称为不定形星。马头额星见图 2-24。

图 2-24　马头额星

(2)流星是从前额向鼻梁延伸到口鼻的连续白色条纹。在描述不同的流星时,其宽度、方向与走势都是主要的参考对象。如半英寸宽的流星称为细长流星,两三寸宽的称为长广流星,更宽的则称为白焰,且一般延伸到马的鼻孔。有些不连续断开的流星称为断流星。这几种不同类型的流星可以从图中清晰辨别。马头流星图片见图 2-25。

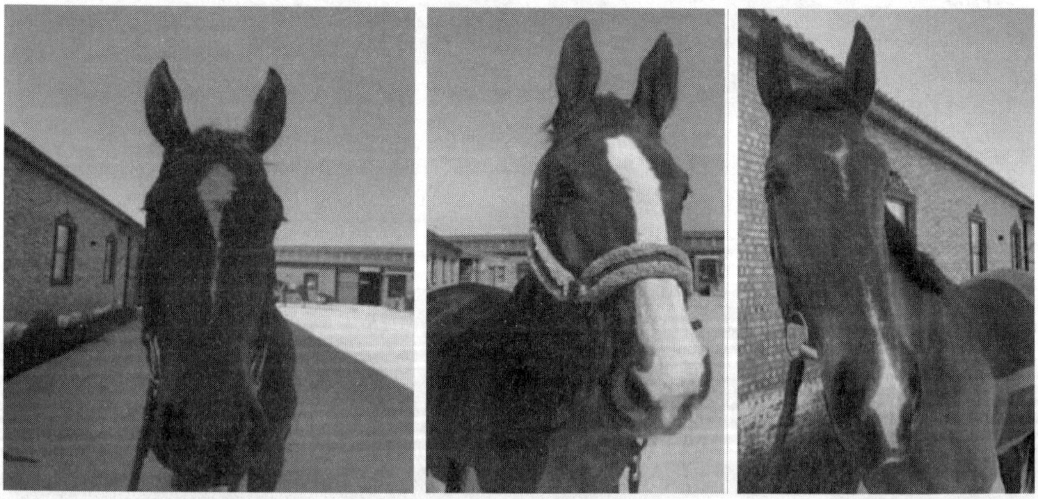

细长流星　　广流星　　断流星

图 2-25　马头流星

(3)鼻星是马口鼻部的白斑,当马匹整个面部都为白色时,称为白面。如果仅马匹的唇或口鼻为白,则分别称为粉口和鼻端白。马鼻星见图 2-26。

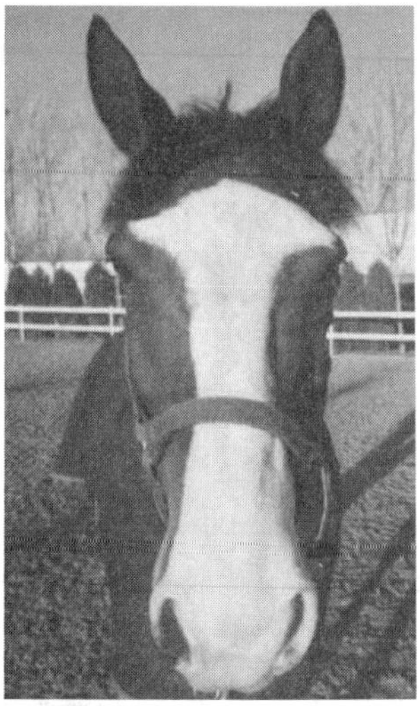
白面

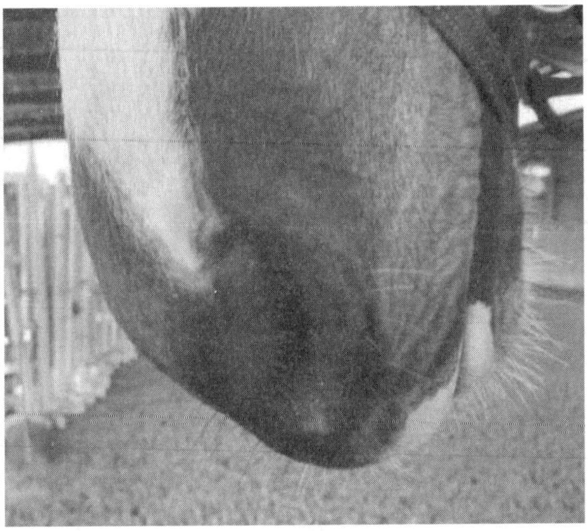
粉口和鼻端白

图 2-26　马鼻星

2.马匹四肢特征

(1)附蝉是马四肢内侧近似圆形的角质物,俗称夜眼。前肢上在腩内侧、前膝上方;后肢上在后飞节内面附近。几乎没有任何两匹马的附蝉形状是一样的,而且成年马的一生其大小、形状都不会改变,因而在马匹鉴别中极为有用。偶尔有的马在后肢上仅有一个附蝉或一个都没有,对这种情况在登记时要做记录。马四肢附蝉见图 2-27。

(2)斑马纹是有些马四肢上的原始条纹,如兔褐毛马。马四肢斑马纹见图 2-28。

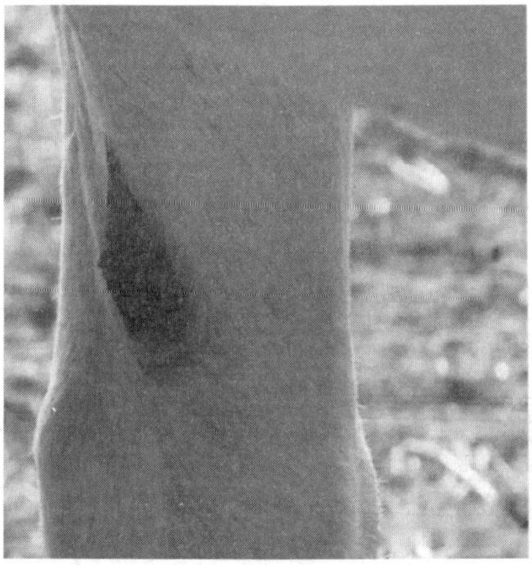
图 2-27　马四肢附蝉

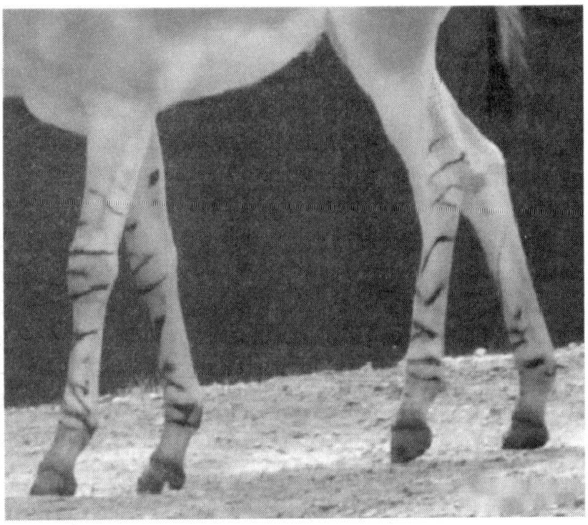
图 2-28　马四肢斑马纹

(3)马四肢上的特征也是辨别马的重要信息。马四肢特征见图 2-29。

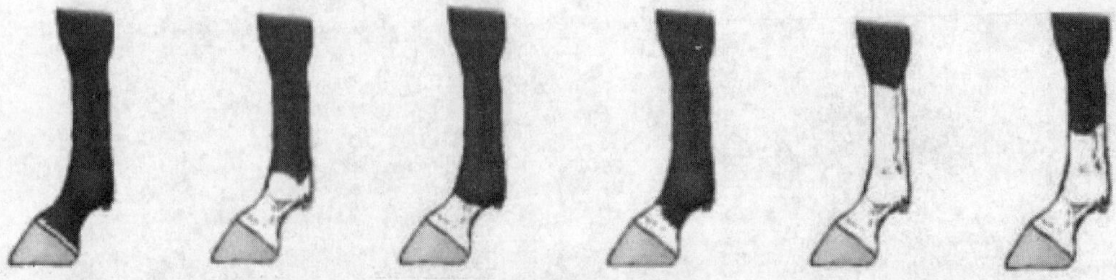

冠白　　球节白　　系白　　系半白　　管白　　管半白

图 2-29　马四肢特征

①蹄冠白是蹄管部约一英寸的白带。如果该白带较宽且低于系一半以下，就称为蹄冠部分系白。蹄球白是指马蹄的两个蹄球都为白色，球节白是指马包括球节以下部分为白色，也叫踝白。马蹄冠白和马蹄球节白见图 2-30。

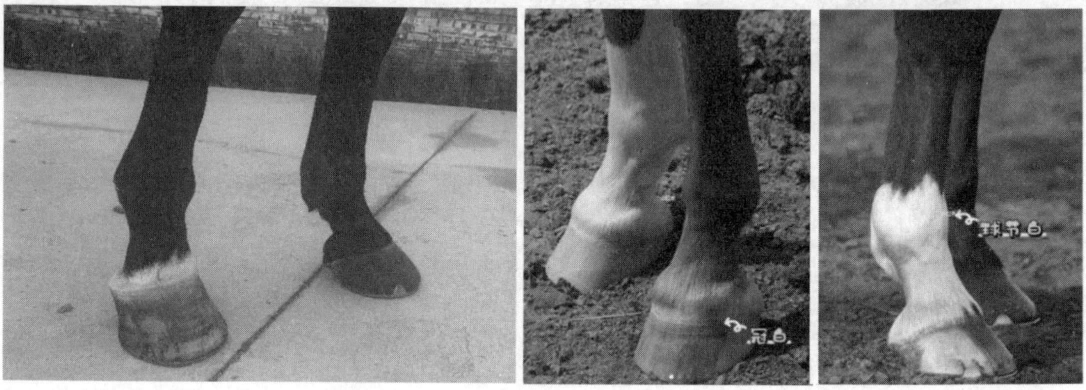

蹄冠白　　蹄冠部分系白　　蹄球节白

图 2-30　马蹄冠白和球节白

②蹄系白，又称短袜。指马球节以下蹄冠与系全为白色。一般我们还会根据白色区域的长度进一步将其分为系 1/2 白和系 3/4 白。马蹄系白见图 2-31。

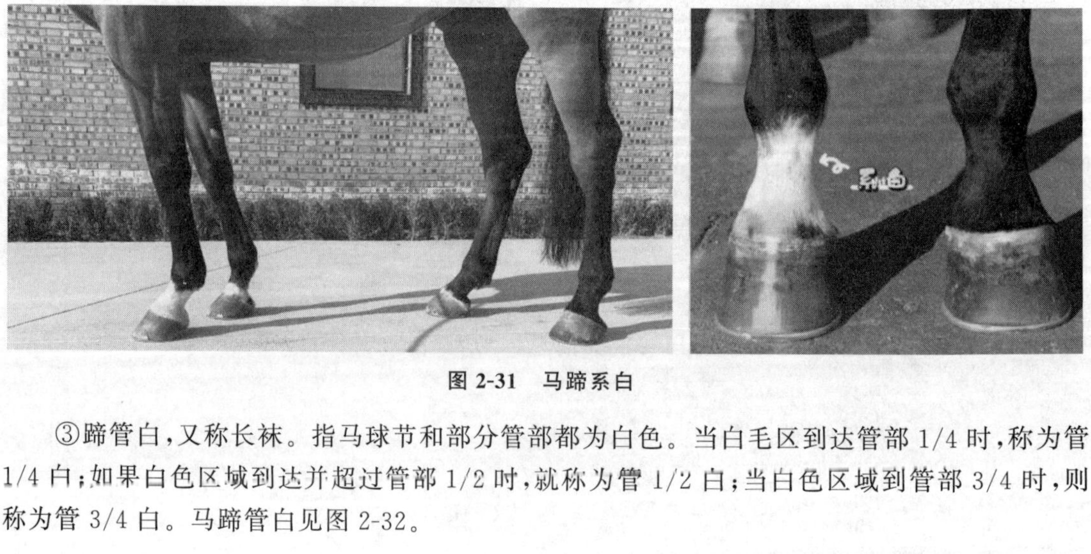

图 2-31　马蹄系白

③蹄管白，又称长袜。指马球节和部分管部都为白色。当白毛区到达管部 1/4 时，称为管 1/4 白；如果白色区域到达并超过管部 1/2 时，就称为管 1/2 白；当白色区域到管部 3/4 时，则称为管 3/4 白。马蹄管白见图 2-32。

④马蹄踢雪是指四肢超过管部3/4的部分都为白色，有时白色区域会到达前肢的膝盖或后肢的跗部(图2-33)。

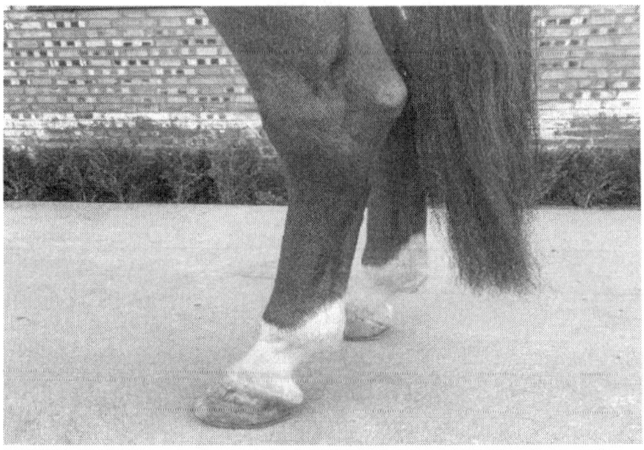
图2-32 马蹄管白

图2-33 马蹄踢雪

⑤雪里站是指前肢的膝盖以上部位为白色，而且白色区域有时会到达前臂部位。

3.马身体其他特征

在记述马匹身体其他特征时，要依据颜色、大小以及位置来定。如被毛上的暗斑，身体上较大且暗或白的补丁。有时在马的身上也会发现一些散在的飞白。此外，陷窝、旋毛、背线等都是常见的一些特征。

(1)陷窝，是皮下肌肉上小的凹陷部位，显而易见是永久标记。通常在马的肩胛和颈部的肌肉存在。马颈部陷窝见图2-34。

(2)旋毛是马被毛中与周围毛生长方向相反的一小片区域。对每一旋毛的位置都应当作详细的记录，甚至对其大小的记述也是必需的。因为几乎所有的马在它的前额、颈峰与颈的两侧以及臀部至少有一个旋毛，所以旋毛在马匹鉴赏中非常有用且应予以记录。马前额旋毛见图2-35。

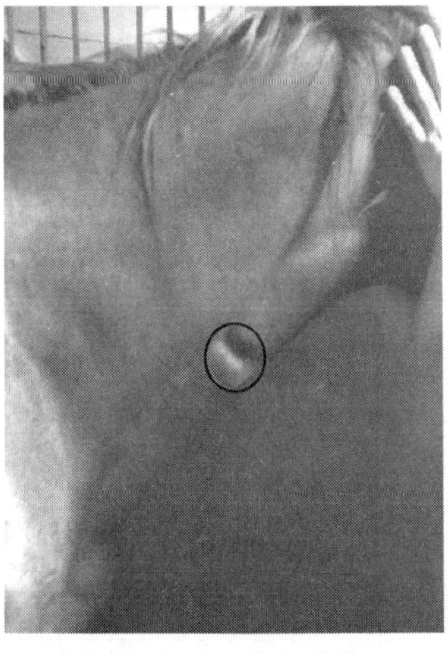
图2-34 马颈部陷窝

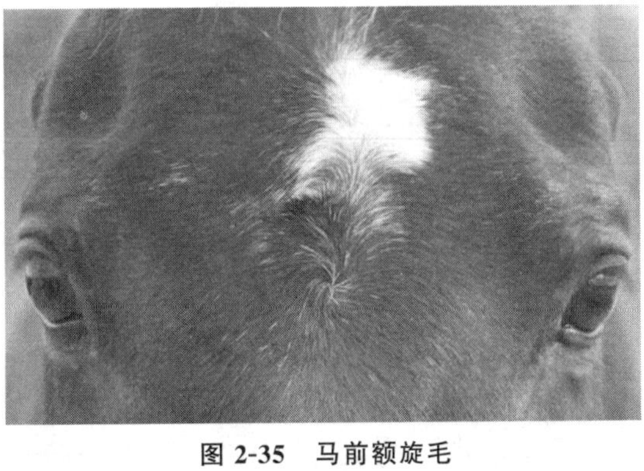
图2-35 马前额旋毛

(3)背线是马匹背部中间的一条暗色条纹，也称为骡线。有时背线会延伸到马的尻部甚至尾部，并穿过马鬃。马背线见图2-36。

图 2-36 马背线

4. 独特个性特征

除以上描述的特征以外，还有许多仅马匹所具有的独特特征。

(1)后背上的马形胎记及独特的心形胎记的小马(图 2-37)。

图 2-37 马形胎记及心形胎记的小马

(2)后天特征。除了先天的特征外，有一些马匹还有后天获得特征，是在马出生后给它附添的一些标记，常见的有印记、伤疤和刺纹。

①印记就是在马匹的颈、颌、肩以及臀部人为留有的一些数字、字母或图标。印记说明了马匹品种、出生地和注册号码。马匹印记见图 2-38。

图 2-38　马匹印记

②伤痕是马受伤后在身体上留下的痕迹。对伤痕的确切位置以及有毛无毛都应做详细记录。

③刺纹是在马的上唇靠下部位刺的字母或一组数字。进口马匹在该部位是一个星形刺纹，而不是字母刺纹。有时马的下唇也会有刺纹。

课后自测及相关实训

一、课后自测题

(一)看图释义题

在适合马匹洗浴的天气图片上画圈并说明理由。

理由：________________

____

____

____

(二)填空题

场地的选择：建立一个(　　　)给马匹洗浴的(　　　)，如果没有马匹专门洗澡间，那就选择干净的(　　　)或(　　　)平地上给马匹洗澡。不能在附近有(　　　)的地方给马匹洗澡。

(三)填表题

1.洗浴用品的选择(每张图片对应写上名称和作用)

序号	洗浴工具(用品)图片	洗浴工具(用品)名称	作用
1	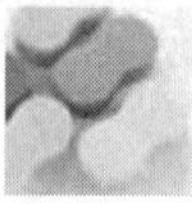		
2			
3			
4			
5			
6			

2. 马匹洗浴操作方案(按照要求填写内容,也可根据教学情况另行设计)

洗浴作用		
选择洗浴工具 (在方框内画勾)		□精油　□硬毛刷　□水刮　□沐浴液 □软毛刷　□水桶　□毛巾或海绵　□洗发精 □尾毛梳　□铁刮　□鬃毛梳　□橡胶刷
洗浴的原则		
洗浴过程操作步骤	建立亲和关系	
	简单洗浴	
	完整洗浴	
	擦干水分	
	晒干或烘干	
主要操作注意事项 (不少于 5 条)		

二、课后相关实训

学生在实训场反复练习马匹洗浴技术,互相拍视频上传学习平台。

任务3 马匹蹄部护理技术

任务介绍

俗话说"无蹄则无马",说明马蹄的健康直接影响马匹的健康,因此,马蹄护理对马匹的运动生涯及日常生活是非常重要的。作为一个马业从业者,更要清楚了解马蹄护理的必要性,熟练掌握马匹修蹄技术。

学习马匹修蹄技术,培养学生吃苦耐劳、精益求精的工作品质,树立争当大国工匠的优秀素质,从而达到本项目素质目标;学习马匹修蹄技术,学生需要达到熟记马匹修蹄的作用,正确识别修蹄工具和用法,并会使用马匹修蹄方案和熟记修蹄注意事项的知识目标;达到正确选择马匹修蹄工具和场地,熟练操作修蹄工具对马匹进行正确修蹄的技能目标。

任务解析

一、任务完成的思路

同马匹刷拭。

二、任务完成目标

(一)知识目标

熟记马匹修蹄的作用和正确选择修蹄场地,熟悉修蹄工具和用法,并会制定马匹修蹄方案,熟记修蹄注意事项。

(二)技能目标

正确选择马匹修蹄工具和场地,熟练使用修蹄工具对马匹进行正确修蹄的操作过程。

(三)素质目标

(1)培养学生吃苦耐劳、精益求精的工作品质。

(2)培育学生争当大国工匠的优秀素质。

三、任务完成路径

(一)课前

分发任务单,学生分小组通过网络资源和教材完成任务单咨询内容——马匹修蹄的作用。

(二)课中

教师首先结合马匹修蹄内容与学生分享工匠精神的思政内容小故事,让学生明白在工作中树立吃苦耐劳、精益求精的品质是非常重要的,从而激发学生争当大国工匠的职业素质,达到本项目内容素质目标。

知识点1:马匹修蹄的作用。教师出示阅读材料,学生自行阅读:如果马不修蹄会怎样?学生阅读后回答,由马匹不修蹄会怎样引入马匹修蹄的作用,学生分小组展示任务单咨询内容——马匹修蹄的作用,教师给予补充。

知识点2:马匹修蹄工具和场地的选择,采取头脑风暴法提问学生,马匹修蹄工具有哪些?先让学生自由回答,再让每组学生通过讨论,在任务单上的图片中圈出马匹修蹄用到的工具,接受教师检查和点评,最后教师总结归纳马匹修蹄工具的作用及如何选择合适的场地。

知识点3:制定马匹修蹄方案和列举修蹄注意事项。各小组通过讨论用思维导图展示出马匹修蹄方案和注意事项,教师点评,指出修改意见。各组根据教师建议,完善方案,并把完善后的方案上交,实现熟记马匹修蹄的作用和修蹄场地的特点,正确识别修蹄工具和用法,并会制定马匹修蹄方案和熟记修蹄注意事项的知识目标。

课中技能点在实训室完成。教师采取示范法、技能训练法和考核法使学生实现正确选择马匹修蹄工具和场地,操作修蹄工具,对马匹进行正确修蹄的技能目标。

(三)课后

完成项目化作业单并上传学习平台。

相关知识

一、思政故事

工匠精神的核心是一种精神、一种信念或者说一种情怀,是把一件工作、一项事情、一门手艺当作一种信仰,一丝不苟把它做到极致,做到别人无可替代。

管延安是中交一航局二公司总技师,央视宣传的首批"大国工匠",被誉为中国"深海钳工"第一人,先后获评全国劳动模范、全国五一劳动奖章、全国技术能手、中国质量工匠、全国职工职业道德建设标兵个人、全国最美职工等荣誉。

"当工人就必须当个好工人;学技术就必须把技术学精。""新时代的技能工人,不仅要埋头苦干,更要坚持创新,靠创新开出一条新路。"管延安向新职工讲述自己参与港珠澳大桥等工程建设的点滴过往,曾经的一幕幕仿佛就在眼前。

在港珠澳大桥工程建设中,33节巨型沉管,60多万颗螺丝,练就了管延安左右手拧螺丝均能实现误差不超过1 mm和听"音"辨隙的绝活儿,创造了零失误的深海奇迹。

结束港珠澳大桥工程建设后,管延安来到大连湾海底隧道,与曾经的"老战友"——"津平

1”“津安 2”“津安 3”三艘港珠澳功勋船舶再度相逢。当时，为了让船舶快速适应高寒施工，管延安与同事靠着“宁可自己挨冻，也要先让设备暖和”的劲头吃住在船上，昼夜坚守。吊运、紧固、安装，他们一遍又一遍操作着熟悉的工序，直至为所有装备装上了“暖房”。

在大连湾海底隧道，安装压载水泵及管系是施工的一道关键工序。面对长达 180 m 的曲折管系，管延安和团队将港珠澳大桥“零缝隙”的理念延伸到大连湾。每根水管重达 300 kg，最狭窄的区域宽度仅为 4.4 m，管延安与工友们就靠着小推车，一步步、一点点拼接，最终实现了安装零缝隙。

管延安说，是企业平台和“超级工程”让他收获了成长和不一样的经历，机械加工和锤子敲击的声音总是让他充满力量，只有坚守匠心，扎根一线，把平凡的事情做好，才是他的完美人生。

二、马蹄的结构

常有“没有马蹄，哪来的马呢”的说法。如果没有充分地照料护理马蹄，没有适时聘请合格的钉蹄师修蹄，马蹄随时可能出问题。学会识别马蹄铁是否松了或指甲是否过长，是骑手的一项基本技能。骏马无蹄难走路，人无目标难进步。好马更要配合适的蹄铁，才能在赛场上以最好的状态发挥出最大的潜力。对于年青马来说，钉蹄也是其开始基础调教需要经历的一个重要阶段。尤其是障碍用马，在 3 岁多就需要钉蹄。作为一个马业从业者更应该了解、掌握马蹄的基本知识。

通常我们说的马蹄，是由马的趾部末端的蹄骨以及蹄骨周围包裹的角质层共同构成的。马蹄是支撑马体、在运动中与地面接触的部分，通过提供摩擦、减震的方式来达到支撑马体正常运动的目的。

马蹄是由皮肤演变而成的，因而在结构层次上，蹄的结构与皮肤相似，由表皮、真皮和少量皮下组织构成。表皮因高度角质化而称为角质层，构成坚硬的蹄匣，无血管和神经分布；真皮层含有丰富的血管和神经末梢，呈鲜红色，感觉灵敏，通常称为肉蹄。马蹄的结构见图 3-1。

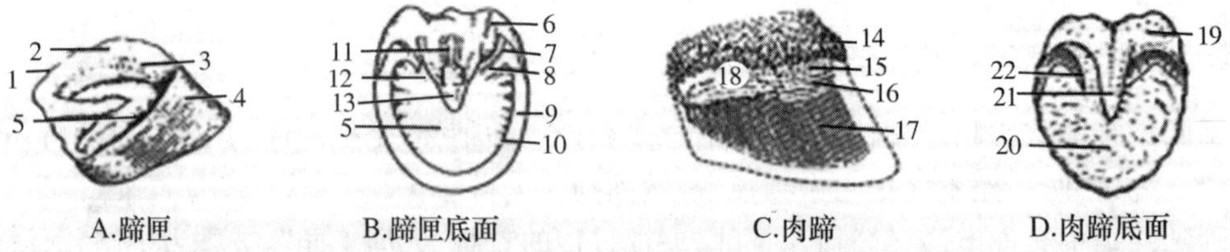

图 3-1 马蹄的结构层次

1. 蹄缘；2. 蹄冠沟；3. 眶下部；4. 蹄壁；5. 蹄底；6. 蹄踵；7. 蹄踵角；8. 蹄支；9. 蹄壁底缘；10. 蹄白线；11. 蹄叉侧沟；12. 蹄叉中沟；13. 蹄叉；14. 皮肤；15. 蹄缘真皮(肉缘)；16. 蹄冠真皮(肉冠)；17. 蹄壁真皮(肉壁)；18. 蹄软骨的位置；19. 蹄球真皮(肉球)；20. 蹄底真皮(肉蹄)；21. 蹄叉真皮(肉叉)；22. 蹄支真皮(肉支)

(一)马蹄的外部构造

马蹄的外部主要由 3 个部分组成：蹄壁、蹄底和蹄叉。3 个部分都是角质化的结构，没有神经，也没有血液供应。这也是蹄钉能穿透蹄壁、蹄叉和蹄底，可以用刀削剪而不疼痛、不流血的原因。

1. 蹄壁

蹄壁是马蹄的最外层，表面光滑明亮，是马站立时能够看见的马蹄部分。依部位的不同，可以将蹄壁分为蹄尖壁、蹄侧壁和蹄踵壁，蹄壁对于马来说起到非常重要的支撑作用。蹄壁和人的指甲一样，始终处于不断的生长过程中。蹄壁表皮最厚，可分为3层：釉层、保护层（冠状层）和角质小叶层。角质小叶嵌在真皮小叶之间，使蹄壁角质和蹄壁真皮牢固结合。角质小叶能产生淡黄色的角质，因而在蹄壁的负缘上形成淡黄色的白线，又称淡黄线。蹄底缘是由蹄底外缘、白线和蹄壁冠状层的下缘共同构成的，是担负马体体重的部分。蹄踵壁向蹄底折转的部分称为蹄支，其折转角称为蹄支角。蹄壁结构见图3-2。

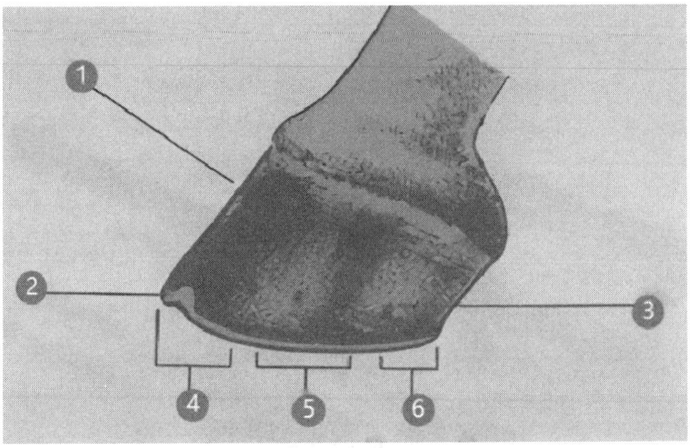

图 3-2　蹄壁

1. 蹄壁；2. 蹄铁唇；3. 蹄铁钉末端；4. 蹄尖壁；5. 蹄侧壁；6. 蹄踵壁

2. 蹄底

蹄底是马蹄底部的一层天然防护，保护马蹄不受来自接触面的伤害。蹄子在健康的状态下轻微地向内凹陷，像一个倒翻的碟子，与地面的抓合力好，有助于马的站立。蹄壁和蹄底相连接的部分为白线（白线由软角质组成，通过白线可以看到蹄壁的厚度，也是掌握装蹄下钉的位置）。蹄底位于白线内方、蹄叉的前方及侧方。蹄底面角质的前部为蹄底体，后部形成两个蹄底支，并与蹄叉和蹄支相连。蹄底结构见图3-3。

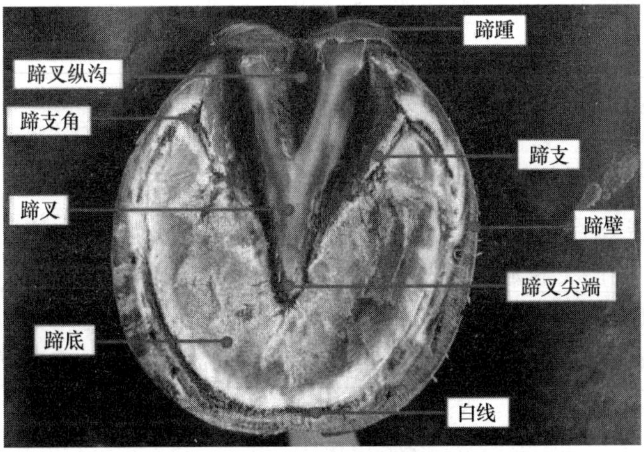

图 3-3　蹄底结构

3. 蹄叉

蹄叉是在蹄支与蹄底之间，楔形的软角质，这是马天然防滑和防震的装置。它的主要作用就是保持蹄子功能的完整。它特殊的楔形、不规则表面和中央分叉起到了防滑的功能。从它的形状、胶体结构、反弹性、休息时的衬垫作用来看，它是最好的减震器。保持蹄叉健康非常重要，马的跛行大多是由肢蹄的滑脱或撞击造成的。

(二)马蹄的内部构造

马蹄内部由骨骼、关节以及其他神经敏感组织组成，如果蹄壁、蹄底和蹄叉中任何一个或全部穿透，都会受到损伤。马蹄内部结构见图 3-4。

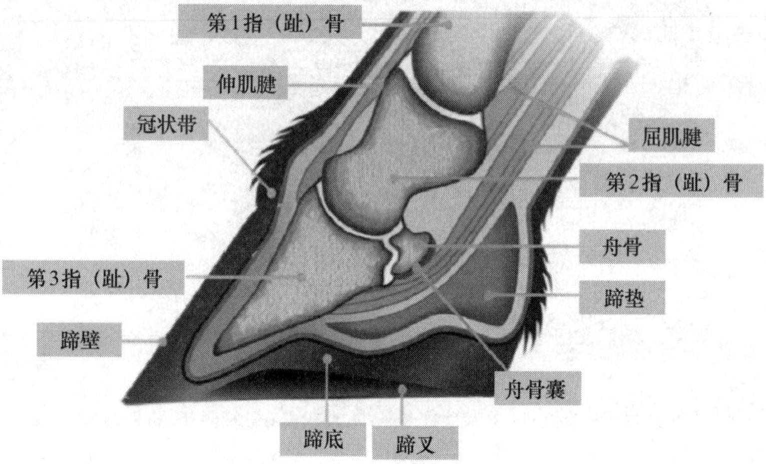

图 3-4 马蹄内部结构

任务实施

马匹蹄部护理一般分为日常护理(即抠蹄，详见马匹刷拭技术中的清蹄)、削蹄和装蹄铁。关于马匹蹄部保养专业术语，目前说法不一。一般情况下，在进行削蹄的基础上会同时进行装蹄铁，为便于教学，此书中将削蹄、装蹄铁过程统称为修蹄。

一、知识点

(一)削蹄的作用

马蹄角质部就像人的指甲，每月可生长 8～10 mm，幼驹生长得更快。如果不及时修剪，会变成过长蹄(图 3-5)。尤其是圈养在比较柔软的场地里的马匹，运动量小，缺乏护理，马蹄磨损少更易出现过长蹄现象。蹄过长会导致蹄、四肢远端的肌腱、韧带受力发生改变，使骨骼、关节、肌腱和韧带损伤。这就需要定期对过长的蹄进行修剪，保持正常的蹄形。

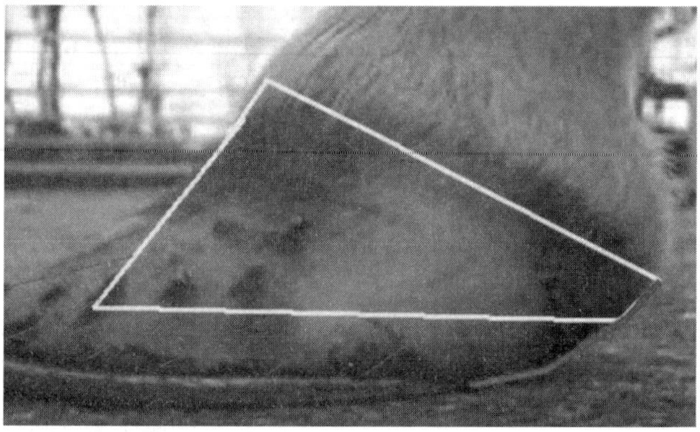

图 3-5 过长蹄(三角区域为正常蹄形)

另外，马蹄每天与地面接触，承受上百公斤的重量。尤其是训练马匹，负重增加、行走距离变长，马蹄会迅速磨损。尤其在硬质路面行走，马蹄磨损会加速，并且可能会被坚硬的物体刺入或劈开(比如钉子、石子、注射器针头等)，导致马蹄劈开，就像人的指甲劈了不能抠东西是一样的。马蹄劈开见图 3-6。此时需要及时进行修剪，防止马出现跛行。

图 3-6 马蹄劈开

对经常运动和使役的马匹进行合理的修蹄，对保持马匹肢势和蹄形的正常，预防蹄病和变形蹄的发生，配合临床治疗某些肢蹄疾病，提高马匹的运动能力，延长马匹的运动和使役年限等都有重要作用。

(二)装蹄铁的作用

1. 支撑体重

马的蹄子可以支撑它们的体重，在奔驰和跳跃时起到关键作用。马蹄铁依靠它们受到的牵拉力和良好结构的支持，使马能够移动和工作。

2. 保护蹄底

马蹄铁可以保护蹄底，防止硬物对蹄底造成伤害。马在行动过程中，蹄铁在硬地面摩擦时产生大量摩擦力，如果没有蹄铁的保护，蹄底会很快磨损，造成伤口和感染。

3. 提高运动表现

合适的马蹄铁可以增强马的运动表现，使它们更完美地完成每个任务。因此，在不同任务下的马匹使用的蹄铁不同。

4. 改善血液循环

马蹄铁的良好结构可以改善血液循环。铁鞋可以增加蹄部的压力，使蹄底肌肉收缩，从而增加氧气和营养物质的流动，减少蹄部受伤。

（三）马匹修蹄场地选择

在专门的修蹄室，或者是刷拭马匹的地方都可以修蹄。

（四）修蹄时间

蹄角质不断由上向下生长，一般每月生长 8 cm 左右，一年完成一次全新生长。因此要及时判断蹄铁是否合适，每 4～6 周需要将蹄铁取下，修剪掉过长的部分，重新将蹄铁装回；如果蹄铁过小则需要更换新蹄铁。夏季蹄角质生长要快于冬季，可根据实际情况调整修剪频率。

（五）修蹄的一般原则

对于单只马蹄来说，修剪的长度、深度、角度，蹄铁与马蹄的契合度都会影响它的性能；对于一匹马来说，除单只马蹄符合健康标准外，四只马蹄的整体角度、平衡也至关重要。以下是修蹄中需注意的一般原则。

（1）马匹一对前蹄及后蹄的大小及外形要相同。

（2）马蹄及系的角度应相同。不理想的角度，会破坏蹄的平衡负重，久之会诱发变形蹄或肢蹄疾病。

（3）蹄尖壁与地面的角度：前蹄为 45°～50°，后蹄为 50°～55°。蹄尖壁与蹄踵壁的长度比例：前蹄约为 2.5∶1，后蹄约为 2∶1。

（4）蹄铁的大小必须按照蹄形的大小选配，即蹄铁必须适合蹄形。绝不能削足适履，用蹄形将就蹄铁。由蹄踵向后，蹄铁外缘应逐渐大于蹄壁外缘，留有 1～3 mm 的剩缘，蹄铁的铁尾应比蹄踵角长出 3～5 mm 的剩尾。

（5）蹄钉要由白线外缘钉进，在蹄侧壁长度的下 1/3 与中 1/3 的交界处出钉，每钉间隔距离应力求均等，避免两个钉相距太近。

（6）修整后的蹄铁上面（接蹄面）要平坦，外缘要平整。

（六）修蹄工具

马匹修蹄常见工具有：蹄锉、修蹄刀、钉蹄锤、压钉钳、修蹄钳（剪蹄钳）、剪钉钳、拔钉钳、修蹄台、热配钳、围裙、蹄钩、砧子、量蹄器以及蹄钉、蹄铁等。常见装蹄工具见图 3-7，装蹄用具见图 3-8。

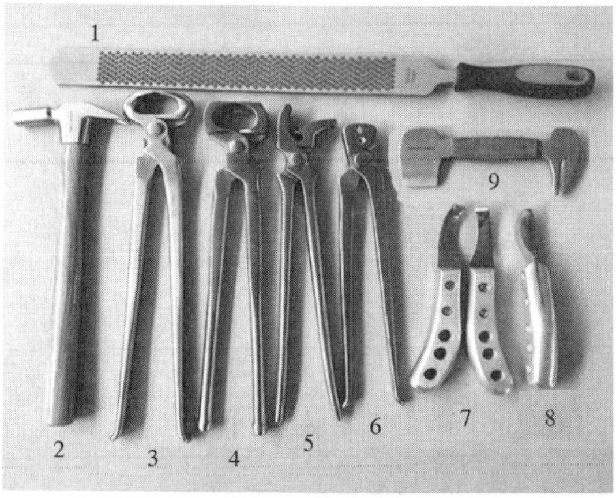

图 3-7 常见装蹄工具

1.蹄锉;2.钉蹄锤;3.修蹄钳(剪蹄钳);4.剪钉钳;
5.压钉钳;6 拔钉钳;7.修蹄刀;8.修蹄刀;9.截钉刀

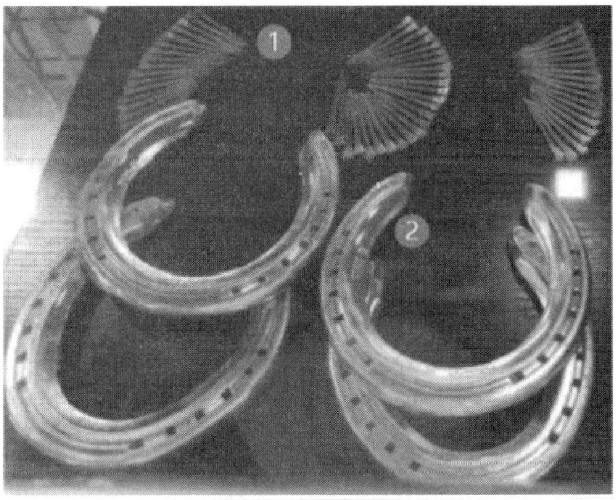

图 3-8 装蹄用具

1.蹄钉;2.蹄铁

1.蹄锉

修蹄时锉平马蹄和蹄铁表面(图 3-9)。

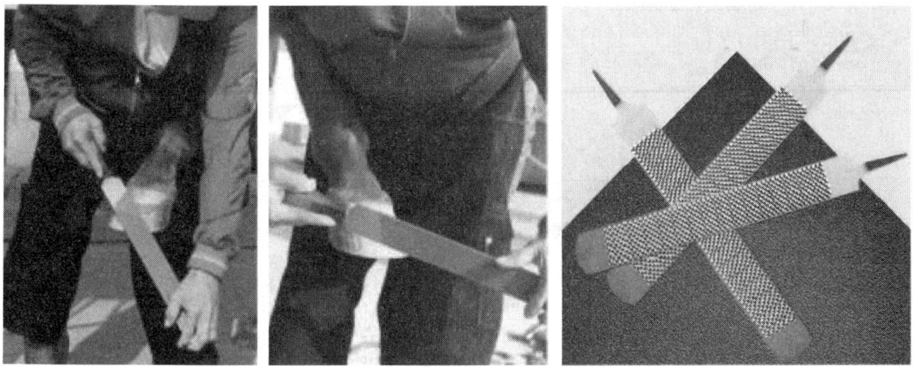

图 3-9 蹄锉

2.钉蹄锤

把蹄钉钉到蹄部合适的位置上,修整蹄铁形状(图 3-10)。

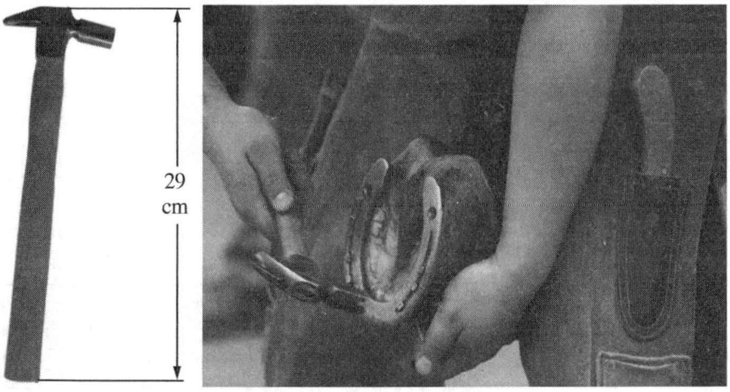

图 3-10 钉蹄锤

3. 修蹄钳(剪蹄钳)

将钉进蹄部的蹄钉尽量向里钉,剩下的部分用修蹄钳剪掉(图 3-11)。

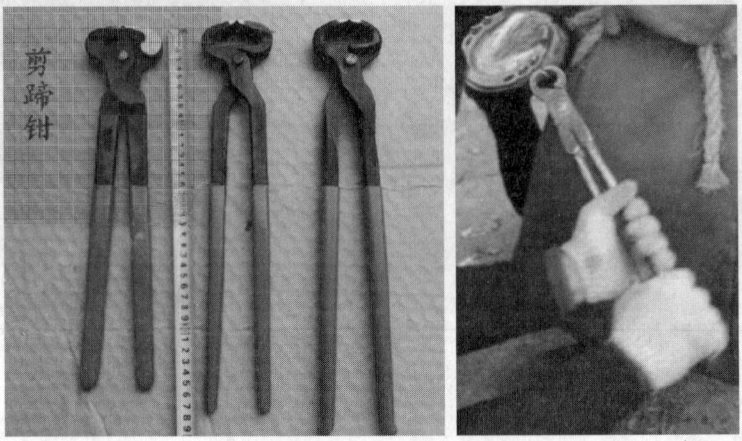

图 3-11 修蹄钳

4. 剪钉钳

更换马蹄铁时,用剪钉钳将旧的马蹄钉剪断并取出,然后再将新的马蹄钉固定在马蹄上(图 3-12)。

图 3-12 剪钉钳

5. 压钉钳

将钉进蹄部的蹄钉尾部用压钉钳与马蹄铁压平(图 3-13)。

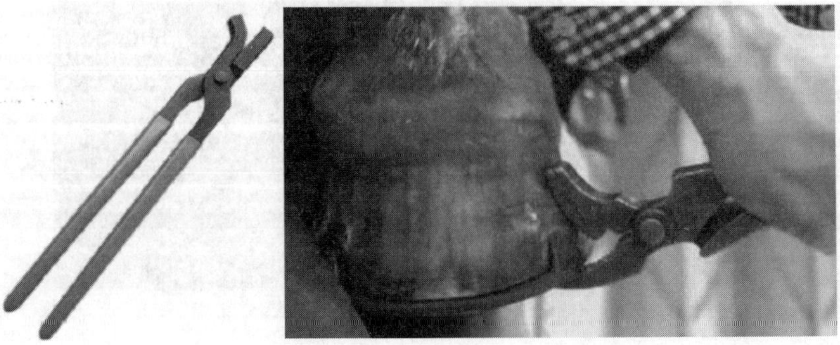

图 3-13 压钉钳

6. 拔钉钳

拔去旧蹄铁上的蹄钉(图 3-14)。

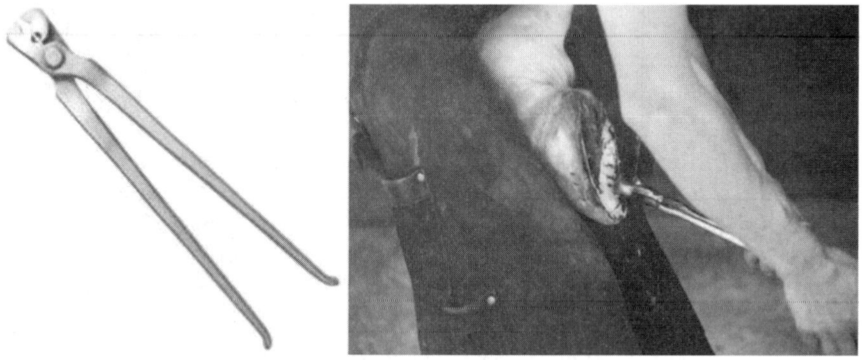

图 3-14　拔钉钳

7. 修蹄刀

割除马蹄多余角质层(图 3-15)。

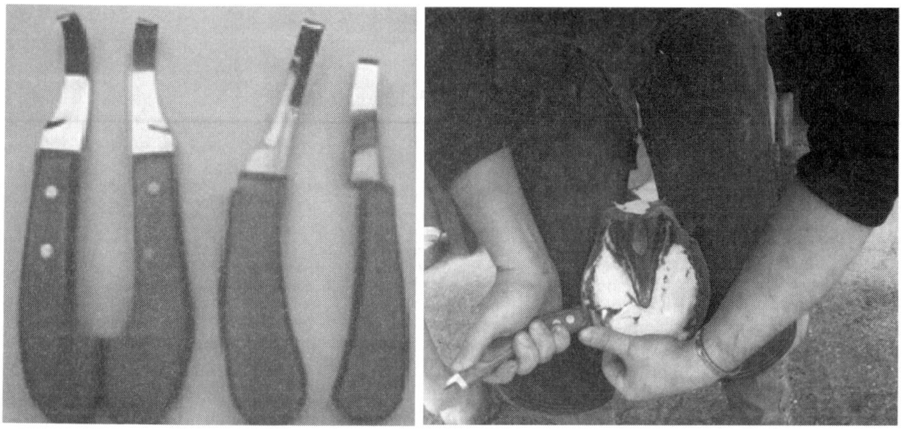

图 3 15　修蹄刀

8. 热配钳

把加热的蹄铁放到马蹄上(图 3-16)。

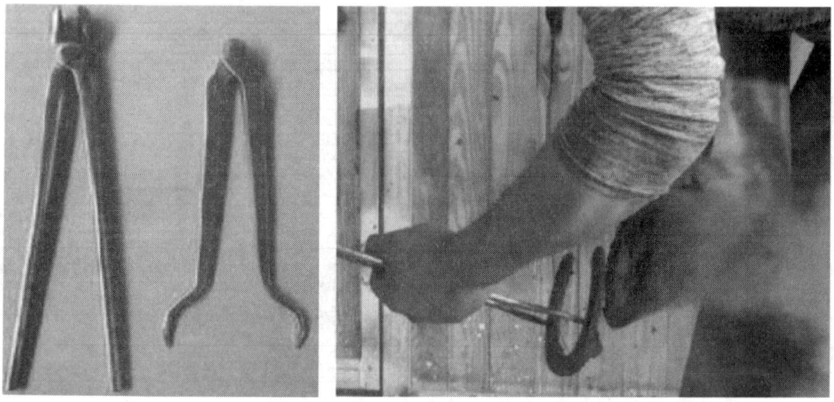

图 3-16　热配钳

9.修蹄台

修蹄时支撑蹄的工具,有两个型号,前蹄是小号,后蹄是大号(图 3-17)。

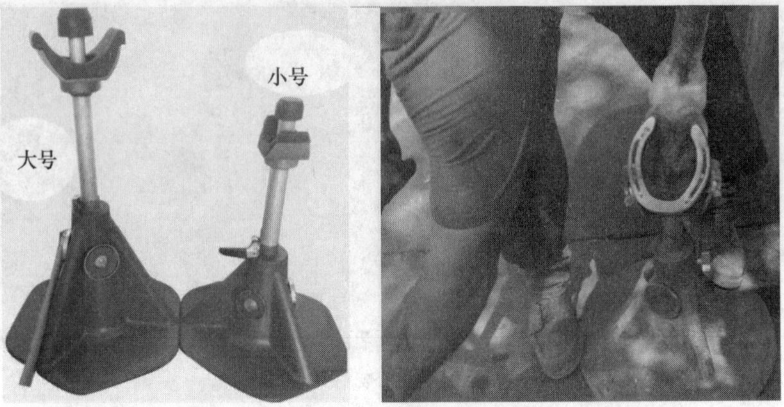

图 3-17 修蹄台

10.围裙

修蹄时围在修蹄师的双腿前,一般由耐磨的牛皮制成(图 3-18)。

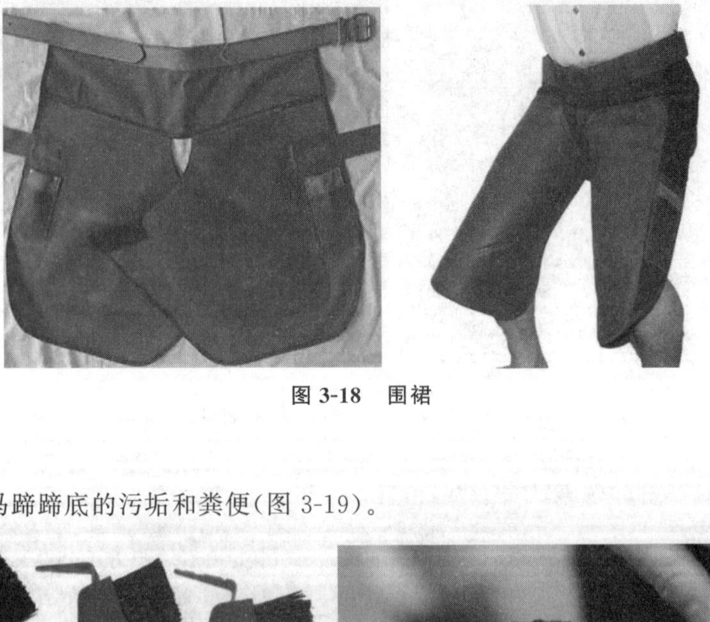

图 3-18 围裙

11.蹄钩

用于抠去马蹄蹄底的污垢和粪便(图 3-19)。

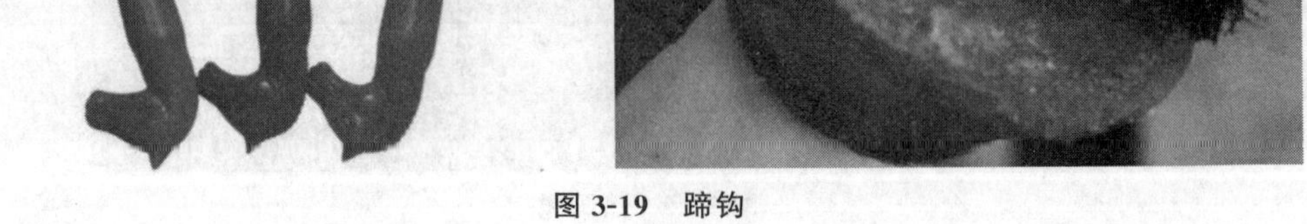

图 3-19 蹄钩

12. 砧子

砧子用于蹄铁的整形和修剪(图 3-20)。

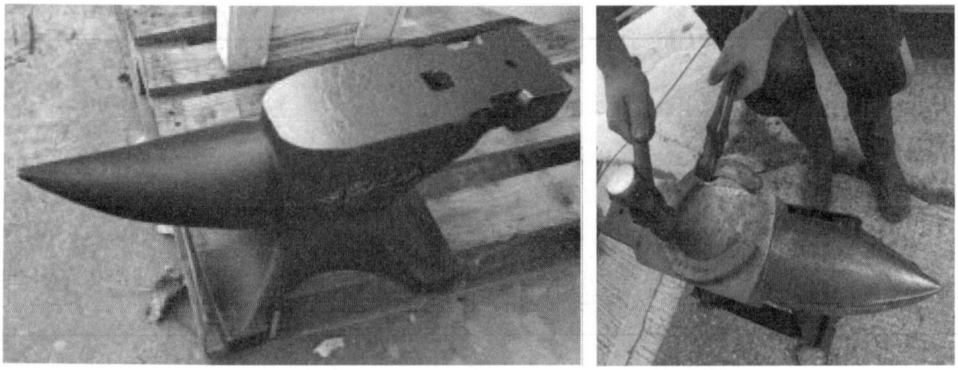

图 3-20　砧子

13. 量蹄器

量蹄器用于丈量马蹄的尺寸(图 3-21)。

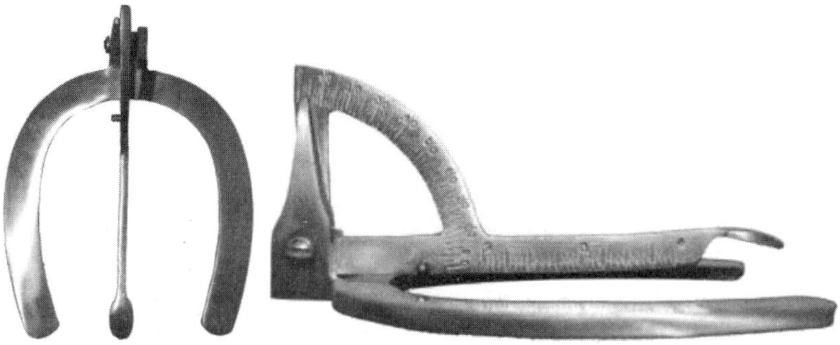

图 3-21　量蹄器

(七)制定马匹修蹄方案

1. 修蹄时间

每 4～6 周修蹄和换装蹄铁 1 次。以运动马蹄部修理为例,制定修蹄方案。

2. 马匹修蹄前准备工作

(1)做好马匹的检查。在装蹄前必须对马匹的各方面情况,尤其是马蹄的蹄形、蹄铁的适合状况等进行细致的检查,确定合理的装蹄方法。

①静态检查。马匹四肢呈自然立正站立姿势,检查者距离马 3～5 m,由前向侧、后方向进行逐一检查。重点检查马匹的肢势和蹄形、马蹄的内外侧高度是否相同、左右蹄大小是否一致、蹄铁大小及下钉位置是否合适等。

②动态检查。让马匹在平坦的地面上做慢步、快步或跑步等运动,重点检查马匹在运动中肢蹄的提举伸展、着地负重等情况,观察马匹负重是否均衡,有无交突、追突或跛行等情况。

③举肢检查。马匹经过静态检查和动态检查后,如果发现有问题,则进行举肢对照检查,最终明确可能出现的异常情况。

(2)修蹄工具的选择。修蹄台、修蹄刀、修蹄钳、剪蹄钳、围裙、蹄钩、钉节刀、装蹄锤、剪钉钳、卸蹄钳、蹄锉、压钉钳等。

(3)选择合适的蹄铁和蹄钉。根据运动马训练、比赛的不同要求,选择合适的蹄铁。一般一个蹄铁配6根钉子。蹄铁和蹄钉见图3-22。

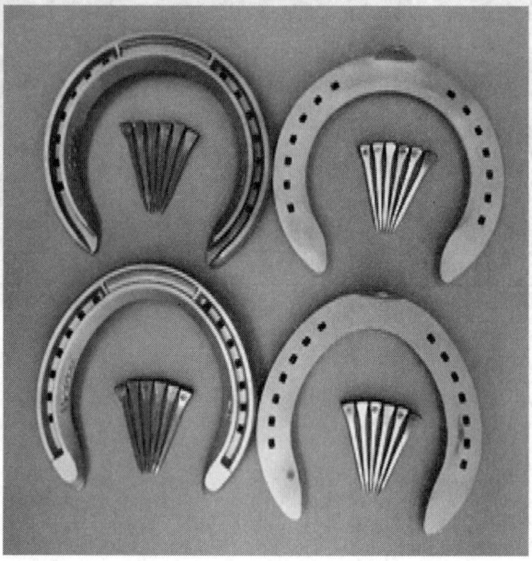

图3-22 蹄铁和蹄钉

(4)选择修蹄场地保定马匹。专门修蹄的场所:应地面平坦、防滑,周围环境安静,有固定拴马的设施或保定架。将马匹拴系好。

3. 装蹄铁流程

(1)给马匹戴上笼头牵引到钉蹄铁处,拴好马匹。

(2)拆除旧蹄铁。需要用到钉节刀、锤、拔钉钳、卸蹄钳。用锤子和钉节刀取直蹄钉,用拔钉钳拔掉蹄钉,用卸蹄钳拆除旧蹄铁。

(3)削蹄。用剪蹄钳修剪蹄指甲和蹄壁、蹄面和蹄叉,把蹄壁的底缘也削平,用马蹄锉进一步锉平蹄子。

(4)装新蹄铁、下蹄钉。修完马蹄后,根据训练或比赛安排选择合适的蹄铁,确保蹄与蹄铁紧密吻合。加热蹄铁。根据马蹄的形状调整蹄铁的形状,在蹄铁热的状态下调整和试穿,形状吻合后钉紧。

(八)装蹄铁注意事项

1. 削蹄注意事项

(1)蹄与系的方向是否一致。蹄与系的方向(即趾骨轴)是否一致是确定削蹄正确与否,以及削蹄后的蹄形是否适应肢势的标准。其判定标准是:从肢前望,由系的前上方中央向蹄设一垂直线,将系部内外等分,垂线落于蹄尖中央,侧望时,系部的倾斜方向与蹄的倾斜方向呈直线。若蹄与系方向前倾,说明蹄踵削切不足而偏高,蹄与系方向后倾,说明蹄踵偏低或蹄尖壁过长;蹄与系方向外倾,说明蹄的外侧低、内侧高,蹄与系方向内倾则说明蹄的内侧低、外侧高。

上述现象都会造成体重偏压于蹄的低侧，破坏蹄的平衡负重，久之会诱发变形蹄或肢蹄疾病。因此，在削蹄时应力求做到蹄与系的方向一致，不一致应及时给予修整或矫正。

(2)左右两蹄大小、长度是否相同。正常左右蹄的大小应相同，蹄的长度也应一致。蹄的大小通常是以该蹄所装用的蹄铁的号数来表示，如装1号蹄铁的蹄子即为1号蹄，以此类推。马1号蹄蹄尖壁的长度约为76 mm，每大1号，蹄尖壁长度增加2 mm。但在实践中不可能逐蹄测量，因此在削蹄时为了做到心中有数，常以手指基部测量蹄尖壁的长度。一般蹄尖壁的长度为78～80 mm，稍小的蹄为72～76 mm，较大的蹄为84～88 mm。

(3)蹄尖壁与蹄踵壁的长度比例和蹄角度是否适当。马正常的蹄形，蹄尖壁与蹄踵壁的长度比例，前蹄为2.5∶1，后蹄为2∶1；蹄尖壁与地面的角度，前蹄为50°～55°，后蹄为55°～60°。

(4)蹄负面是否平坦，蹄底、蹄叉和蹄支削切是否适当。蹄负面削切必须平坦，并与蹄铁能紧密相接，不生空隙，蹄底应削出一定的穹隆度；蹄叉要削出固有的形状，其高度应略高出蹄负面；蹄支一定要削出横断面，保持与蹄叉基本同高，蹄支与蹄叉支后端相连接的部位要彻底削开，以促进蹄的开闭机能，预防发生蹄踵狭窄等变形蹄。

2. 调整蹄铁注意事项

(1)蹄铁大小选择。蹄铁的大小必须按照蹄形的大小选配，即蹄铁必须适合蹄形。蹄铁过大容易落铁或运步异常，过小容易发生钉伤。如果蹄铁局部与蹄形不完全相符合时，应适当修整蹄铁，绝不能“削足适履”用蹄形将就蹄铁，否则会使蹄变形等。正常蹄形装上蹄铁后，在蹄尖和蹄侧部，蹄铁外缘与蹄壁外缘大小一致，或略大于蹄壁外缘(不超过1 mm)，由蹄踵部向后蹄铁外缘应逐渐大于蹄壁外缘，留有1～3 mm的剩缘，蹄铁的铁尾应比蹄踵角长出3～5 mm的剩尾。

(2)调整蹄铁的平整度。调整后的蹄铁上面(接蹄面)要平坦，外缘要平整，并保持钉沟和钉孔的完整，蹄铁装上后，防止留出三角剩尾，特别是内侧铁支，以防发生交突等。

另外，根据赛马训练、比赛的不同要求会选钉不同材质、不同规格的蹄铁，比赛用的轻质蹄铁所配的蹄钉，其钉头为了更牢固的装蹄，与平时训练用蹄铁所配合使用的蹄钉的钉头形状略有不同。

在赛马比赛中，蹄铁的使用更有许多标准化的规定，如在规格上有如下规定(不同地区可能会有差异)：包括蹄钉在内，蹄铁重量不得超过150 g；蹄铁应正确安装，不得超出蹄壁和蹄踵壁的范围；甚至对钉头的突出长度，蹄铁表面等各方面都提出了要求。除了上述几点关于蹄铁规格的规定之外，还要求驯马师须取得相关组委会的书面许可后，才可以为赛马使用特殊蹄铁参赛。任何使用特殊蹄铁的马匹，必须在比赛日前不少于48 h内申报，以便钉蹄师和兽医检查，未完成钉蹄的马匹不允许参赛，除非有特别许可。

3. 下钉注意事项

(1)下钉数量。一般马的蹄子每侧下3个钉，每蹄6个钉，较大的蹄每侧可下4个钉，不要把所有钉孔都钉满。下钉太多不但不能保持蹄铁的牢固，反而会破坏蹄壁，发生落铁或蹄病。最后方的蹄钉负荷量较大，应注意装钉牢固。

(2)下钉深度。蹄钉要由白线外缘钉进，在蹄侧壁长度的下1/3与中1/3的交界线处出钉，每钉间隔距离应力求均等，避免两个钉相距太近。下钉过深易发生钉伤，下钉太浅易发生落铁或崩蹄。

(3)钉节长度。指蹄钉钉出蹄壁后,用剪钳剪断钉身并将其断端向上弯曲部分的长度。一般要求钉节的长度应与钉身的宽度相同或略小于钉身的宽度,近似四方形,并且要弯曲,紧贴在蹄壁面上,特别是蹄的内侧,以防引起肢蹄外伤。

以上所述是马匹正常装蹄的注意事项,是保证装蹄质量,消除或减少因马匹肢势不正和装蹄不当造成的不良影响的关键。但是在实践中由于每匹马的肢势和蹄形不同,装蹄时需依据各自特点采取不同的装蹄方法。

(九)无蹄铁状态下蹄部的护理

1. 散养马匹的蹄部护理

当马匹处于散养状态时,尤其是马匹群牧时,一般需要将后蹄铁取掉,防止马匹互相踢伤。装蹄师需要定期检查没有装蹄铁的马,确保马蹄的表面平整,随时注意马蹄是否有开裂的迹象或者过度磨损。

2. 幼驹的蹄部护理

幼驹的马蹄必须由兽医定期检查,因为有时幼驹的马蹄生长不均衡,容易造成蹄部变形。必须及时纠正任何缺陷或变形,以保持马蹄的正确形状与平衡。

二、修蹄技术操作

一般情况下,在削蹄后都要给马匹更换蹄铁,传统叫法称为换掌,也叫装蹄铁。对于年青马来说,装蹄铁也是其开始基础调教需要经历的一个重要阶段。马匹装蹄铁有热装和冷装两种技术,热装比冷装多一个加热蹄铁的过程。国内目前比较倡导的是热装。蹄铁在加热后能够起到杀菌效果,同时可以让马蹄和蹄铁接触的更完美,防止病菌侵入白线。冷装时,蹄铁只能做较小的调整。下面就以热装蹄铁为例介绍修蹄操作过程。

(一)修蹄前的准备

1. 马匹检查

装蹄前对马匹各方面的检查,尤其是对马蹄的细致检查,是确定装蹄是否合理的最重要的步骤(详见前文:做好马匹的检查)。

2. 选择马匹修蹄工具

将选好的修蹄工具以及蹄铁、蹄钉等用具放在箱子、网篮或袋子中带到修蹄处。如果采取热装还需要准备加热器。

3. 马匹保定

(1)物理保定。马匹佩戴笼头,将牵引绳固定在某一位置对马匹进行保定;或将马的身体一侧靠墙,一人固定马头;或使用双侧栓系法将马笼头两侧固定于墙面,栓系得要相对短些,时刻保持环境和马匹安静;也可使用钉蹄台对马蹄进行固定。

(2)化学保定。若物理保定无法确保修蹄过程中人员与马匹安全,可采取化学保定的方法。可使用较低剂量的乙酰内嗪(0.025～0.05 mg/kg)或 α-2 肾上腺受体激动剂(如赛拉嗪,0.2～0.5 mg/kg)来进行化学保定。

(二)马匹修蹄

1. 取除旧蹄铁

(1)左手拿钉节刀,并且将钉节刀的刀刃抵于马蹄的蹄壁与钉节之间,右手持装蹄锤不断敲击钉节刀的背部,以切断钉节。

(2)用蹄钳夹住蹄铁的尾部,用力向前掰压蹄钳,使蹄铁松动。

(3)将蹄钳逐渐向前移向蹄铁的前部,夹住并用力向内侧掰压(不可向外侧掰压,以防损伤蹄壁),使蹄铁松动。

(4)蹄铁的两侧铁支采用相同的方法交替进行,直到将蹄铁完全取下。

(5)如果旧蹄铁钉得比较牢固,取下困难时,也可在蹄铁松动后,再把蹄铁打回原位,用蹄钳将突出的蹄钉一个一个地拔掉,旧蹄铁即可取下。

(6)卸下旧蹄铁后,使马蹄保持蹄坐状态,观察每个马蹄是否内外侧对称、均匀负重,是否存在内翻或外翻、蹄壁异常等情况。使用蹄钩清除泥土、砂砾、粪便等脏污,近距离检查其内外侧磨损情况。观察蹄底是否有明显病变、形态结构异常、异常分泌物等,是否有腐臭等异味。取除旧蹄铁见图 3-23。

图 3-23　取除旧蹄铁

2. 削蹄(修整马蹄)

按照蹄壁、蹄底、蹄叉、蹄尖的顺序修剪。

(1)蹄壁。用剪蹄钳剪去过长的蹄壁,剪出合适长度及形状,使蹄铁能与蹄壁紧密贴附。蹄尖壁长度为 78～82 mm,蹄壁与地面角度前蹄为 45°～50°,后蹄为 50°～55°。过度生长的蹄壁,可借助 X 线判断需修剪的蹄壁长度。

(2)蹄底。用蹄刀削除蹄底多余角质,并削出适当的穹隆度,修剪后的马蹄边缘应光滑、平整。蹄底厚度通常为 8～10 mm,穹隆度一般前蹄为 15°～18°,后蹄为 18°～20°。对于蹄底过薄的马匹应避免去除过多角质。

(3)蹄叉。用蹄刀削出蹄叉固有的形状,高度应略高出蹄腹面,约为蹄铁厚度的 1/2。

(4)蹄尖。削蹄尖时,削出断面防止蹄尖弯曲。用蹄锉将蹄底面锉平,并轻轻锉修蹄壁下外缘。

(5)最后修整。削蹄是装蹄中的重要环节,不仅要削去过长的角质,还要修整不正蹄形,防止发生变形蹄和肢蹄病。削蹄见图 3-24。

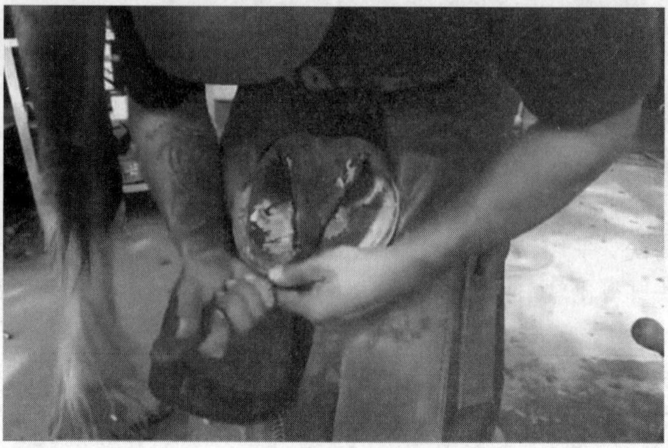

图 3-24 削蹄

3. 调整并试穿马蹄铁

削蹄后,按蹄形大小选择合适的蹄铁,并加以修整,使其与蹄形一致。把调整好并加热的马蹄铁放在马蹄上烫一下,注意观察留在马蹄上的烙印是否合脚。如果不合适,还要继续调整。调整并试穿马蹄铁见图 3-25。

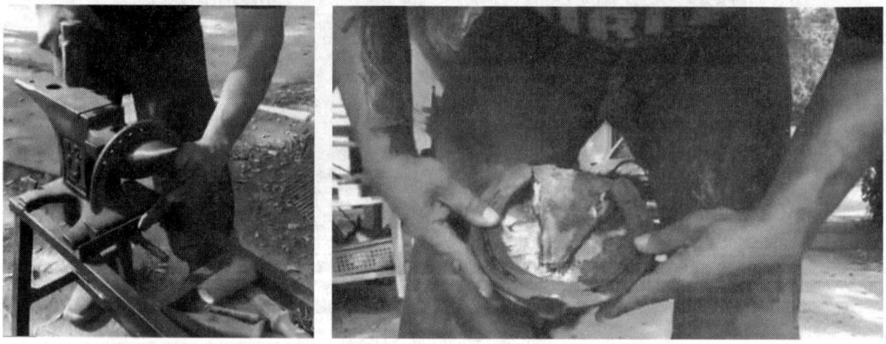

图 3-25 打造并试穿马蹄铁

4. 上钉

拿出已加热好的蹄铁和 6 根蹄钉,将 6 根蹄钉依次插入蹄铁 6 个钉孔,下钉的部位是蹄壁底缘与蹄底之间的环状白线处,用钉蹄锤钉上蹄钉,钉下的蹄钉要向外穿出蹄壁,但不能伤及马的触觉部分,把蹄钉露出蹄壁的部分用剪钉钳剪掉,剩下蹄钉的断端弯曲用压钉钳压到蹄壁上,把蹄铁固定在马蹄上,涂上马蹄油。钉蹄后还会对钉孔和蹄壁等进行细节处理和护理,并通过牵遛或快步让马匹适应新的蹄铁,基本就像是人类的田径运动员定制并试穿跑鞋一样。装蹄铁、下蹄钉见图 3-26。

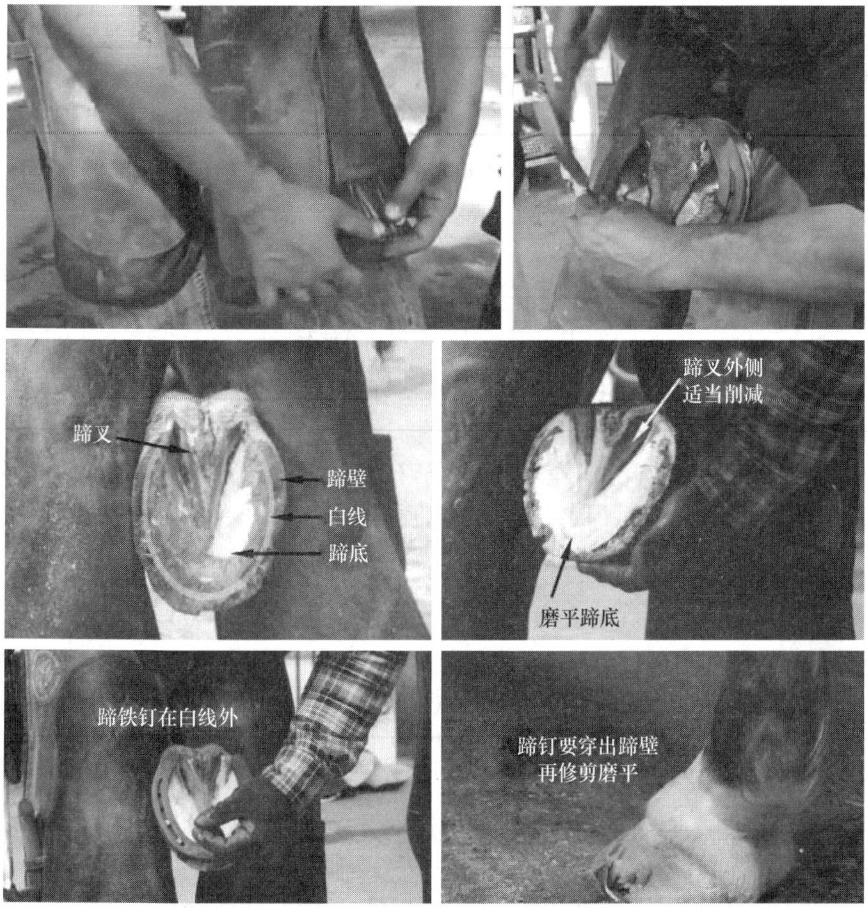

图 3-26　装蹄铁、下蹄钉

5. 检查与调整

装完后，检查蹄铁是否牢固，有无翘起、晃动；用蹄锉打磨蹄钉尖端，避免划伤马腿。通过牵遛或快步让马匹适应新的蹄铁（就像是人类的田径运动员定制并试穿跑鞋一样），检验蹄铁是否服帖。

任务小结

马匹修蹄采取项目化理实一体的教学方法，分课前、课中和课后三段式完成学习任务。

（1）学生通过学习马匹修蹄知识达到熟记马匹修蹄作用，会正确选择马匹修蹄工具、用具和场地，会制定马匹修蹄方案和熟知注意事项等知识目标。

（2）技能学习采取示范法和技能训练法，教师示范流程如下。

选择马匹修蹄工具放在工具袋中，提到修蹄场地→保定马匹→取除旧蹄铁→削蹄→打造并试穿马蹄铁→上钉→检验。马匹修蹄示范流程见图 3-27。

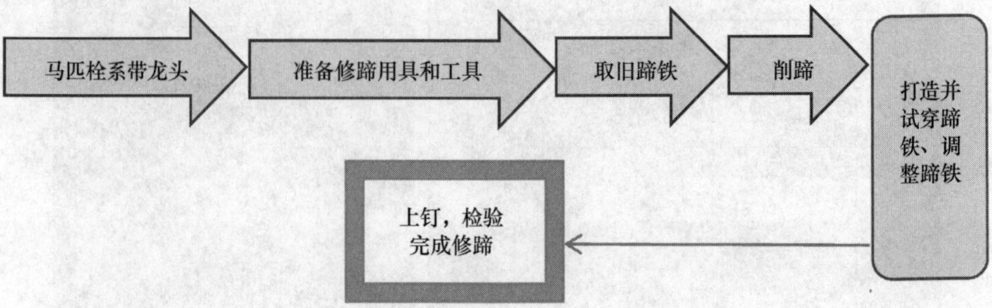

图 3-27　马匹修蹄示范流程

学生观摩教师示范后，由 1 名师傅带 1 名学徒，手把手教会学生修蹄，最后学生采取技能训练法在师傅督导下反复操练完成马匹修蹄操作，达到会熟练操作马匹修蹄的技能目标。

(3)教学实施过程中，与学生分享“大国工匠管延安”的思政故事。培养学生吃苦耐劳、精益求精的工作品质，树立争当大国工匠的优秀素质，操作过程中始终强调安全意识及建立人马亲和关系。从而达到本项目素质目标。

拓展提高

新疆传统马术体现在优雅与力量并存，展示骑手英勇、彪悍、血性、坚韧的性格。叼羊、姑娘追、猎鹰等这些新疆草原上流传已久的传统马术，便是其最好的见证。

一、叼羊

哈萨克族有一句谚语：“摔跤见力气，叼羊见勇气”。叼羊比赛(图 3-28)是新疆维吾尔族、塔吉克族、哈萨克族、柯尔克孜族等少数民族喜爱的竞技运动和普遍盛行的体育游戏活动。一般为两岁左右的羔羊，需割去头、蹄，取出内脏，扎紧食道，放在盐水中浸泡 1～2 h，使其皮肉变得结实，以备叼羊时不被撕烂。叼羊活动有分组和不分组两种形式，比赛规模可大可小，参

图 3-28　叼羊

加的人数从几十人到上百人不等，一般选择在空旷的田野或平坦的牧场举办比赛。民间的叼羊活动通常以家庭为单位，先将羊叼回家的家庭获胜，晚上会宴请亲朋好友来分享胜利的果实。而在常规的比赛竞技中，在赛场附近挖出一个小坑，作为优胜者丢羊的地点。

二、马背技巧

马术特技表演是一项技术和技巧性比较强的运动，要求骑手在奔驰的马背上做出各种高难度动作，如倒挂金钩、跃马、横撑、正倒立、策马拾物等（图 3-29）。

倒挂金钩

跃马

横撑

正倒立

策马拾物

图 3-29　马背技巧

三、姑娘追

姑娘追（图 3-30），哈萨克语叫“克孜库瓦尔”，是哈萨克民族的马上娱乐活动，多在婚礼、节日等喜庆之时举行。

不同氏族部落或地区的男女青年交错组合，一男一女两人一组。活动开始，二人骑马并排走向指定地点。到达指定地点以后，小伙子立即纵马急驰往回返，姑娘则在后面紧追不舍，追上后便用马鞭在小伙子的头上频频挥绕，以报复小伙子的调笑，小伙子不能还手。

不过姑娘一般是不会真打的，特别是如果姑娘本来就喜欢小伙子，那她就会把马鞭高高举起轻轻落下。但如果是姑娘不喜欢的小伙子，那姑娘就会毫不客气，挥鞭狠狠抽打。

过去,此活动是哈萨克族男女青年追求自由恋爱的一种方式,许多人就是通过这种追逐互相认识、互相了解而萌发了爱意,最终结成伴侣的。

图 3-30 姑娘追

四、鹰猎

鹰猎(图 3-31),又称雕猎,是新疆少数民族一种独特的狩猎方式。鹰猎在今天哈萨克族的狩猎生活中仍时常可见。哈萨克族的猎鹰,一般要经选、捕、驯、猎才能培育出好的猎鹰。一场大雪后,高山草原天空放晴,正是哈萨克猎人骑马架鹰出猎的好时机。

三三两两的哈萨克猎人,一不带猎枪,二不带猎狗,只是骑上马,以牛皮裹臂或是裹肩,令猎鹰蹲在胳膊上面,威风凛凛地出征。

发现猎物,猎人即撒手放鹰。霎时猎鹰展翅高飞,然后闪电般俯冲下去,任凭猎物狂奔,也

图 3-31 鹰猎

难逃猎鹰的利爪、钢喙。一只出众的猎鹰，在关键时刻还敢于与恶狼拼搏、厮杀，解救主人的厄运。哈萨克人把这样的猎鹰视为吉祥之物，称为“神鸟”。

课后自测及相关实训

一、课后自测题

(一)填空题

1.仔细看下面马匹抠蹄步骤图，完成括号内空白处的填写。

第一步

让马(　　　　)下来。在给马(　　　　)之前，要让马冷静。确保不要让它东摇西晃。最好选择一个安静的区域，因为周围如果有让它激动的因素，则很难让马保持(　　　　)站立。

紧接着(　　　　)，不要将绳子系(　　　　)，因为如果马受到惊吓逃跑，太紧的绳子会伤到马。绳子不要系(　　　　)，这会引起马的不适和恐慌。

第二步

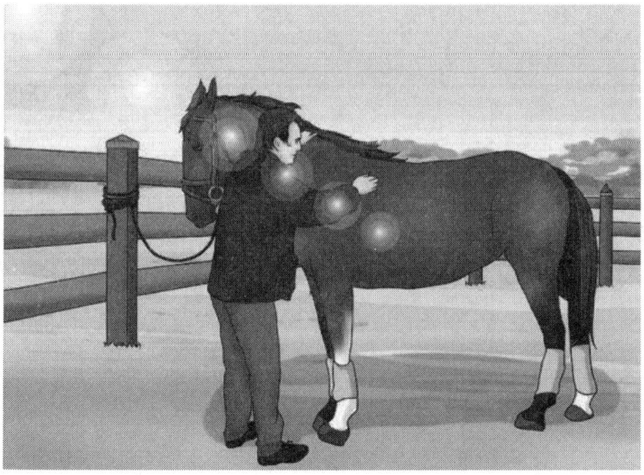

从马的(　　　　)接近它。当你接近马的时候，要让它知道你的好意。轻轻抚摸马的(　　　　)和(　　　　)，轻声跟它(　　　　)，站在马的肩旁，身体朝向马的(　　　　)。

当你计划站在马的身旁时，让你离马较远的(　　　　)在前，这样可以获得更好的(　　　　)，也更方便你的(　　　　)。

先从马的(　　　　)开始，这样可以帮助你衡量马的情绪，确定是否可以接近马更危险的(　　　　)。

第三步

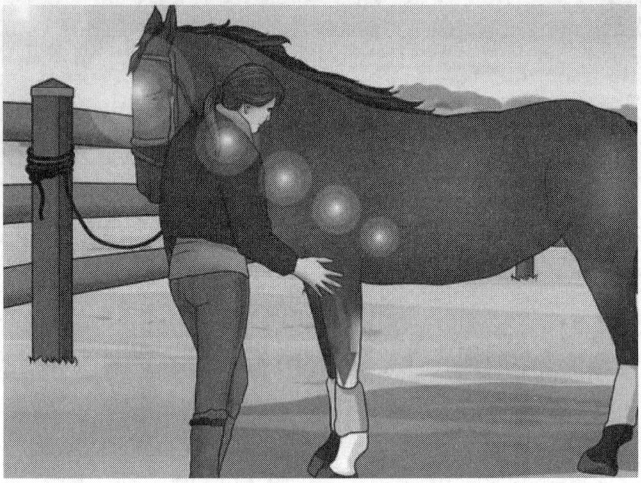

当稳稳地站在马身旁后，手顺着(　　　　)向下摸，然后轻拍马腿后面，告诉马你要做什么，让它有时间(　　　　)自己的身体。一定要确保马的身子是摆正的，因为如果马是(　　　　)的，你是很难抬起它的(　　　　)。

第四步

抬起它的(　　　　)。一旦它平衡了，给它时间让它抬起自己的(　　　　)。如果马没有在命令后自己抬蹄，可以挤压马腿球节上方，这里连接着(　　　　)。尽量耐心并轻柔，如果马没有反应，再去增加力度。如果马还是不抬腿，可以轻轻靠在它的(　　　　)，这有助于帮助马将重心放在另一侧。尽量给时间让马慢慢做。

第五步

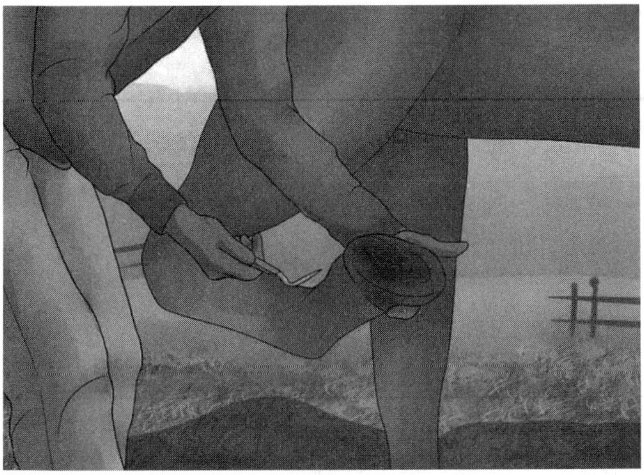

支撑(　　　　)。一旦抬起了马的蹄子,一只手握住马的蹄子。如果马试图放下马蹄,需要握住马的蹄子并将蹄子抬向马的(　　　　)。用(　　　　)的手去支撑马蹄,(　　　　)的手来操作。身体可以靠在(　　　　),感受马的动作。

这也是一种给马信心的方式,让它知道你在哪里,让它感觉安全。有些马不太喜欢被握住骹骨,即蹄子上方、球节下方的部位。

2.马蹄的修剪

(1)仔细阅读文字完成马蹄修剪工具的选择

修剪马蹄需要使用专业的工具,主要包括(　　　　)、(　　　　)、(　　　　)、(　　　　)、(　　　　)、(　　　　)等。

(2)填空完成马蹄修剪步骤

第一步清理(　　　　),清洁马蹄、清除石子和碎屑等。同时,也需要用(　　　　)清除蹄间隙里的泥沙和尘土,以免影响修剪效果。

第二步整理(　　　　)和(　　　　),蹄边和蹄根的修剪是非常重要的,因为它们能够影响马匹的走路姿态和步伐。修剪时应注意保持蹄边的弧形,并且保持趾部向前倾斜,这能够提高马匹的步伐稳定性和速度。

第三步修整(　　　　),蹄面的修整能够将未磨平的(　　　　)处处理成平直的面,同时也能够减少(　　　　)蹄裂和(　　　　)。修整蹄面需要注意刀具的角度和力度,避免伤及马蹄,同时也需要注意保持趾端向前倾斜,这能够提高马匹的稳定性和舒适性。

第四步修剪(　　　　),蹄底是马蹄最为重要的部位之一,因此修剪时需要格外注意。修剪马蹄底部时需要保证其平整和光滑,避免出现蹄病,同时也需要避免将蹄底修剪过于薄,以免影响到马匹的运动能力。

第五步修剪后的(　　　　)。完成修剪后,需要进行最后的处理,包括(　　　　)、(　　　　)、(　　　　)和涂上(　　　　)等步骤。泡蹄能够缓解马匹的疲劳和疼痛,同时还能够预防蹄细胞的损伤和疾病。擦干之后,用刷子清理蹄面和蹄底的碎屑和尘土。最后,涂上蹄油,以保持马蹄的健康和弹性。

3. 马匹修蹄技术

(1)仔细观看马匹修蹄工具图,写出工具名称。

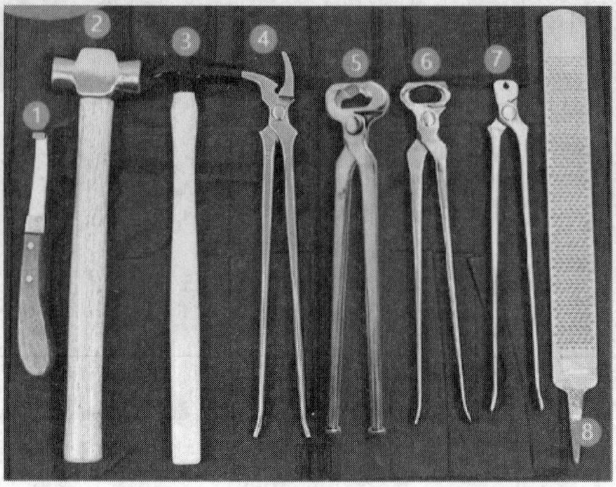

1.(　　　　　);2.(　　　　　);3.(　　　　　);4.(　　　　　);

5.(　　　　　);6.(　　　　　);7.(　　　　　);8.(　　　　　)

(2)补充上图中缺少的工具,画图加文字说明。

9. 工具名称:__________　　　　10. 工具名称:__________

画图:

11. 工具名称:__________　　　　12. 工具名称:__________

画图:

13. 工具名称:__________　　　　14. 工具名称:__________

画图:

15. 工具名称:__________　　　　16. 工具名称:__________

画图:

(二)排序题(把下面装蹄铁的步骤按照正确的顺序进行排序)

①选择合适大小的蹄铁;②下钉;③取除旧蹄铁;④调整蹄铁;⑤削蹄;⑥装蹄后的检查。

装蹄铁的正确步骤序号:________________________________

二、课后相关实训

(1)学生在实训场反复训练马匹清蹄技术,互相拍视频并上传学习平台。

(2)学生在实训场反复训练马匹修蹄技术,互相拍视频并上传学习平台。

任务4

马匹其他护理技术

任务介绍

马匹护理除了有常规的刷拭、洗浴和修蹄技术以外，还有被毛修剪、编辫子、穿马衣、上绷带、上护腿、赛前和赛后护理、不同季节和伤病的特殊护理技术等，这些护理技术对于保持马匹健康、提高生产力、减少患病等方面也是非常重要的。

学习马匹其他护理技术，学生需了解被毛修剪、编辫子、穿马衣、上绷带、上护腿、赛前和赛后护理、不同季节和伤病的特殊护理技术要求，熟悉其工具和用法，会正确选择马匹其他护理技术需要的工具和场地，会操作护理过程；培养学生坚毅、勇敢的品质，培养学生有爱心、同情心、责任心的思想，培养学生谦逊待人的态度。

任务解析

一、任务完成的思路

同马匹刷拭。

二、任务完成目标

(一)知识目标

了解马匹被毛修剪、编辫子、穿马衣、上绷带、上护腿、赛前和赛后护理、不同季节和伤病护理的特殊护理技术要求，熟悉其工具和用法。

(二)技能目标

会正确选择马匹其他护理技术需要的工具和场地，会操作其护理过程。

(三)素质目标

(1)培养学生坚毅、勇敢的品质。

(2)培养学生的爱心、同情心、责任心。

(3)培养学生谦逊的待人态度。

三、任务完成路径

（一）课前

分发任务单，学生分小组通过网络资源和教材完成任务单咨询内容——马匹其他护理技术。

（二）课中

（1）结合马匹其他护理技术内容与学生分享《马术教育，让孩子走出舒适圈》的故事，培养学生坚毅、勇敢的品质，培养学生有爱心、同情心、责任心的思想，培养学生谦逊的待人态度，从而达到本项目素质目标。马匹其他护理技术知识点采取问题引导法进入，马匹除了刷拭、洗浴和修蹄外还有哪些护理技术？学生回答后，教师通过补充引入本项任务知识点；学生分组完成其他各项护理技术方案的制定，并进行汇报，教师点评、补充，提出修改意见，每组把完善后的方案上交，实现马匹其他护理技术知识目标。

（2）课中技能点在实训室完成，教师采取示范法、技能训练法和考核法，使学生达到会正确选择马匹其他护理技术需要的工具和场地，会操作其护理过程的技能目标。

（三）课后

完成项目化作业单并上传学习平台。

相关知识

一、思政故事

马术教育，让孩子走出舒适圈

好的教育之所以好，是因为它强迫你不断地重新认识自己和周围的环境，从而不断地去做出改变。家长要舍得让孩子跳出舒适圈，不断地去学习和尝试，从而变得更加优秀。

对于初学马术的孩子而言，马术是一次全新的尝试。跳出父母给自己营造的舒适圈，既要学着照顾马儿，克服上马时的恐惧，还要适应高强度的训练，这样的体验对孩子来说并不轻松，但非常有意义。

1. 与课堂教育的完美互补

课堂教育，学生对于不能理解的知识缺乏主观能动性，往往储备了很多理论知识，但缺乏实践。而马术是一次让孩子跳出舒适圈的勇敢尝试，是真正意义上回归大自然的教育。通过马术训练，不断地突破自我，克服恐惧，翻越一个个障碍，培养孩子坚毅、勇敢的品质。

2. 角色转换，从被照顾到照顾

照顾马匹是马术教育的一部分，包括马匹护理、马厩清理、照顾马匹的饮食、清洁马匹等。在家里，很多家长习惯了照顾孩子的饮食起居，孩子欣然接受，认为是理所当然。学习马术，首先要学会照顾马匹，有助于孩子的内心成长，从而理解父母的辛苦付出。长此以往，孩子变得有爱心、同情心、责任心,这种变化是惊人的,绝对比你每天在孩子面前念叨更有效。

3. 大自然带给生命的完整体验

马术教育是让孩子接触大自然的教育。回归自然,感受阳光穿过树梢,听空山鸟语,这是完整的生命体验,书本教育是很难给予的。通过马术接触自然,让孩子明白在完整的生态链条中,万物唇齿相依,不能仅以人类的情感来看待。马术是一场奇妙的自然之旅,能让孩子学会谦逊。

二、给习惯抬头的马匹佩戴水勒

当马匹高高抬起自己的头,拒绝戴上水勒时,需要找到问题的根源。

(一)马匹拒绝戴水勒的两个可能原因

(1)马匹可能口腔疼痛或口腔受伤。

(2)给马匹佩戴水勒的方式可能不对。

马匹拒绝戴水勒见图 4-1。

图 4-1 马匹拒绝戴水勒

(二)解决方式

找到马匹拒绝戴水勒的原因,采取正确的措施来纠正问题。不同的问题,采取不同的解决方式。

1. 马匹因口腔疼痛或受伤而拒绝戴水勒

通常情况下,人们很少想到将马匹口腔状况列在日常例行检查中。

马匹有独特而敏感的口腔,需要定期维护。不同于人类,马匹的牙齿始终都在生长。它们咀嚼的方式会磨损牙齿,产生锯齿状的边缘,这可能会导致擦伤和溃疡。马匹口腔有问题时可能表现出的症状有:分泌多余的口水、吃东西时掉落食物、留下部分未咀嚼完的干草、随机性摇头、拒绝戴水勒和体重减轻。

有时很难判断马匹是否需要进行牙齿修整,或者口腔是否有其他问题。为了避免忽视马匹口腔的问题，要养成每周至少1次检查马匹口腔内部的习惯，同时定期由兽医进行牙齿修整，磨平锯齿状边缘。

2. 骑手可能试图以错误的方式戴水勒

骑手在给马匹佩戴水勒时，如果将衔铁推入马匹前面的牙齿中，会给它们造成不适。如果衔铁反装或水勒过紧，也可能成为马匹在戴水勒时抬头的另一原因。

水勒有很多部件，新手给马匹戴水勒时看起来会有些手忙脚乱。以下是一些帮助新手正确地给马匹戴上水勒的详细步骤。

(1)骑手给马戴水勒时，通常会从左侧进行，因为水勒部件上所有的扣环都在左边。给马匹戴上水勒之前，将缰绳从马匹的头顶上方穿过套住马脖子，以防马匹试图逃开。

(2)将右臂从马的头部下方环绕过来，在马脸前面捏住水勒额革下方。用左手握住衔铁，将衔铁推入马的口腔中，然后用左手引导水勒套住马的耳朵。

(3)将衔铁放入马的口腔之前，应确保衔铁放置正确(衔铁上有一个轻微的弯曲，要确保该弯曲的外凸面朝前)。

(4)将衔铁放入马的口腔时，不要用力将衔铁顶在马的牙齿上强迫马匹张嘴，这只会让马抬头。应该将左手拇指插入马的口腔，紧挨着门齿位置，并轻轻扭动拇指，让马张开嘴巴，此时将衔铁放入口腔，并将水勒拉过马的耳朵。

任务实施

子任务1　马匹被毛修剪

一、知识点

(一)马匹被毛修剪的作用

1. 提高马匹外貌品质

马匹被毛过长会使被毛显得凌乱，马匹也会显得没有精神，影响马匹整体外观。被毛修剪就是使过长的被毛变短，显得整齐有序，使马匹看起来有精神，提高马匹的外貌品质。

2. 有助于清洗和刷拭

马匹被毛过长会使刷拭和清洗变得困难，增加刷马和洗马的工作量，而被毛修剪后由于被毛变短将更容易刷拭和清洗。马匹被毛修剪后见图4-2。

图4-2　马匹被毛修剪后

3. 有助于快速降低体温

马匹被毛具有保温的作用，在冬季可以抵御严寒。但是，如果被毛过长也会影响马匹散热，尤其是在炎热的夏季，过长的被毛会导致马匹体温上升，甚至引起中暑。这时就需要修剪马匹被毛，使马匹能更快散热，从而快速降低体温。

4. 出于竞赛的目的

在竞赛中通过马匹被毛修剪有助于马匹更好地散热，从而有利于马匹取得好成绩。另外，过长的被毛在障碍赛中会影响马匹超越障碍和过杆，因此在比赛前很多骑手都会将马匹被毛进行修剪。

(二)马匹被毛修剪常用工具

1. 剪刀

修剪马鬃毛、马尾毛(图 4-3)。

2. 鬃毛梳

修剪鬃毛时，梳理鬃毛使之理顺，利于修剪(见刷拭工具)。

3. 尾毛梳(马尾梳)

修剪尾毛时，梳理尾毛使之理顺，利于修剪(见刷拭工具)。

4. 电动剃毛剪

多为小型推毛剪，用于修剪头部，颈部等被毛使用(图 4-4)。

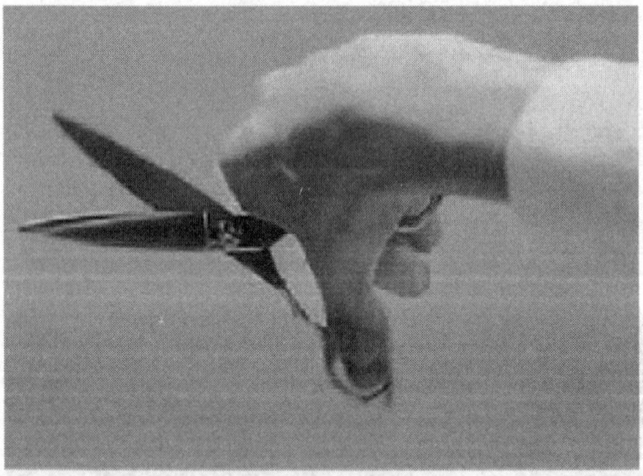

图 4-3 剪刀

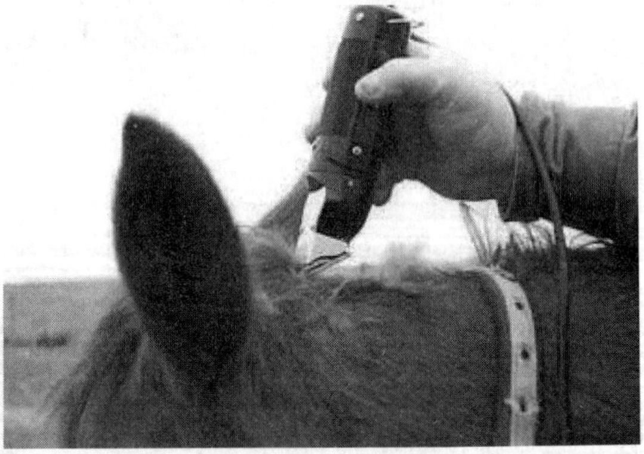

图 4-4 电动剃毛剪

(三)马匹被毛修剪的时间

马的被毛修剪要根据马的品种、所处地区气候以及马的工作量来决定。通常情况毛发会在 9—12 月生长得非常快，需要每 3～4 周修剪 1 次。一些比赛马匹全年都需要理发，以减少出汗，保持凉爽和整洁。对于大部分马来说 1 个冬天最多修剪 3 次，不要拖到第 2 年 2 月之后修剪，这会影响夏天马毛的生长。

(四)马匹被毛修剪的种类

根据修剪目的不同，被毛修剪的种类主要有以下几种。

1. 全剪式

包括腿部，全部剃掉，只保留头部和耳朵部分的毛。这种剃毛方法没有任何自然地的保护，只适合工作很辛苦的马。夏天天气炎热时，将马全身的被毛全部剪掉，有利于马匹散热，防止马匹中暑。马匹背毛全剪式修剪见图 4-5。

2. 狩猎式

只保留腿部和放置马鞍区域的毛发，主要是留下上述部位的被毛用于防寒、防尘，保护蹄踵和避免荆棘刺伤，防止鞍伤和马背受伤。这种被毛修剪方式比较适合野外骑乘，所以称为狩猎式。马匹被毛狩猎式修剪见图 4-6。

图 4-5　全剪式修剪

图 4-6　狩猎式修剪

3. 披毯式

从鬐甲到尾巴部分的毛发留出，并且留出不太会出汗的地方，如头部和腿部。保留下来的被毛其形状如同一张毯子披在马的背部，称为披毯式。这种形式的被毛修剪能很好地保留被毛而使马不感觉寒冷。马匹被毛披毯式修剪见图 4-7。

4. 越野式

沿着颈部，剔除从头部到肘端的毛发，留下后肢和腿部的毛发。适合年轻马或运动量较小的马匹，且十分容易修剪。这种修剪方式主要适用于野外放养的马匹，故称为马匹被毛越野式修剪(图 4-8)。

图 4-7　披毯式修剪

图 4-8　越野式修剪

5. 其他花式修剪

其他还有各种花式被毛修剪，各类创意修剪，成为艺术的一种表现形式。花式被毛修剪见图 4-9。

图 4-9　花式被毛修剪

(五)马匹被毛修剪的注意事项

(1)马匹被毛修剪时要尽最大可能不让马烦躁或采用过多的限制。当修剪马匹的身体和四肢部位时，可以让马去吃草网里的草，分散其注意力，以减少马的烦躁感。

(2)在被毛修剪时，要将折叠起来的毯子搭在马的腰部，防止马匹受惊，因为身冷的马会感到不安和烦躁，影响被毛修剪进程。

(3)在被毛修剪时，决不能将马匹耳朵里面的毛剪掉，因为它是天生的保护毛，还有分布于马口、眼、鼻周围的触毛也不能剪掉，因为这些毛有触觉功能，能感触到外界各种刺激，对马匹的感觉功能起重要作用。

(4)被毛修剪完成后一定要给马匹披上马衣。马匹被毛有防寒、防尘、防止小的刺伤等防护作用，被剪掉后马匹失去防护，容易引起皮肤疾病或体表损伤。

二、马匹被毛修剪

(一)修剪前的准备

在修剪之前，马匹被毛应刷拭干净并保持干燥。如果被毛没有刷拭干净，存有污物则会妨碍修剪，并且容易导致刀片过热。修剪前还应把马尾拉向一侧，向上打折并用绷带裹上。这样做的目的是防止马匹尾巴干扰修剪过程。

(二)修剪

修剪开始的部位一般从马匹腹部开始，如果马匹紧张不安则从肩部开始，最好先完成马匹头部的修剪，防止马匹由于刀片变钝而感到烦躁。其他部位的修剪遵循从左到右，从上到下，从前到后的顺序。根据修剪目的不同，采取不同的修剪样式。

剪毛方向要与被毛方向相反，并且用力要均匀，运行要平行，不要插进皮肤，以免造成皮肤损伤，甚至导致感染发炎。

马匹头部和腹股沟部是最难修剪的两个部位，其次是马匹两肘之间、前腿内侧等部位都是非常容易剪破皮的地方。在修剪这些部位的时候一定要谨慎小心，最好有一个有经验的助手来帮助。助手的工作主要是使马匹安静，把马匹前肢抬起，帮助均匀平滑地修剪肘部内外。

国外对纯血马进行鬃毛修剪时，往往不用剪刀修剪，而是直接用鬃毛梳将马匹鬃毛一缕一缕地刮扯下来，马匹并不会感到疼痛。

子任务 2　马匹编辫子

一、知识点

马匹编鬃毛是一种由来已久的传统，有安全、易于识别马匹、方便和美观等原因。

(1)从安全角度来说。把鬃毛编起来可以防止马的毛发被其他东西缠住。

(2)从易于识别马匹的角度来说。人们会将某些类型的马的鬃毛或尾巴编成辫子，以便轻松地将它们与其他马区分开来。直到今天，还有一些特定的编织风格用于特定的品种。

(3)从方便角度来说。很长时间以来，骑手们一直在使用编辫子来减少照顾马匹美观所需的时间和精力。

(4)从美观角度来讲。编辫子会使马很好看。编辫子的马匹见图 4-10。

图 4-10　编辫子的马匹

二、马匹编辫子

(一)鬃毛辫(小丸子)

1.准备材料

与马鬃相匹配的编织橡皮筋、金属拉梳、发夹、编织喷雾或发胶。

2.操作步骤

(1)马的鬃毛长到合适的长度。如果马让拉它的鬃毛,可以通过拉扯鬃毛使毛发变薄,并使编织更容易。如果马讨厌拔鬃毛,可尝试使用刀片或剪刀垂直修剪鬃毛,同时保持鬃毛的自然边缘,鬃毛长度为12.7 ~ 15.2 cm,就可以开始编鬃辫。

(2)从鬃毛顶部开始,测量大约4根手指宽的部分,剪掉其余的鬃毛。将鬃毛浸湿并紧紧编织,向下拉。底部用橡皮筋固定,将鬃毛向上拉,对折并使用第2条橡皮筋固定。编第1个鬃毛辫见图4-11。

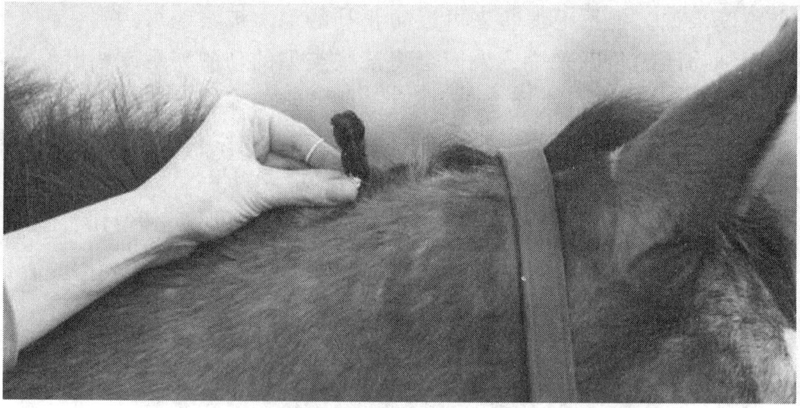

图4-11 编第一个鬃毛辫

(3)再对折1次,用第3根橡皮筋收尾。始终保持辫子朝下并推到颈部的顶部。编好的第1个鬃毛辫见图4-12。

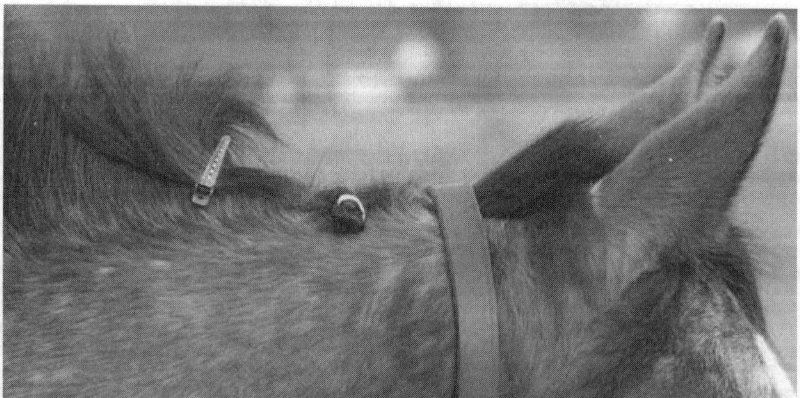

图4-12 编好的第一个鬃毛辫

(4)继续沿着脖子一直编辫子,保持每条辫子的大小相同。

(5)将辫子一根一根拉起来,对折,再折叠一次。使用相同的方法编织刘海。编好的鬃毛辫见图4-13。

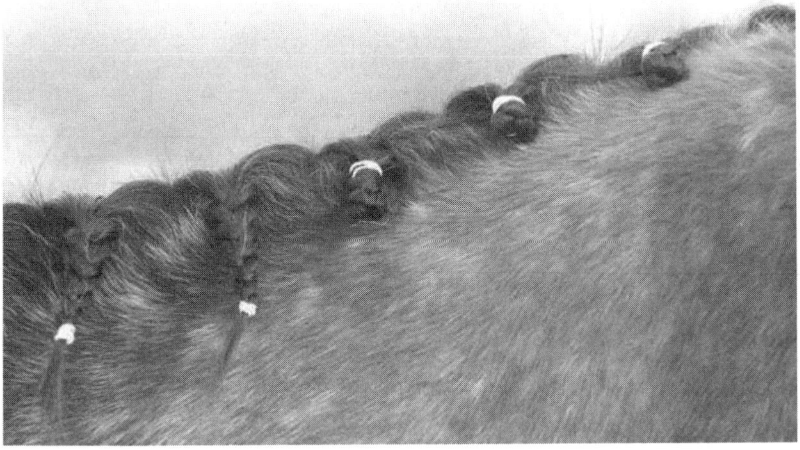

图4-13　编好的鬃毛辫

(二)绑鬃毛

1.准备材料

黑色橡胶编织带、梳子、剪刀、发夹、编织喷雾或发胶。

绑带与编辫的目的相同:在裁判面前呈现整洁的外观,并展示马匹的脖子。将鬃毛缩短至10.1 cm或12.7 cm长;用洗发露对其进行深层清洁,以去除根部的所有污垢、灰尘和皮屑。但是不要过度清洁,否则影响编辫者抓住鬃毛。

2.操作步骤

(1)用水或编织喷雾喷鬃毛并梳理。用编织带把鬃毛分开,使每条带中的鬃毛数量相同。确保使用梳子将鬃毛分开,以便用直线划分。绑编织带并用梳子直线划分见图4-14。

(2)将鬃毛向下靠近颈部,在头发上高高扎起。不重叠地缠绕带子,使其平放。不要裹得太紧,以免头发"起皱"。用编织带绑鬃毛见图4-15。

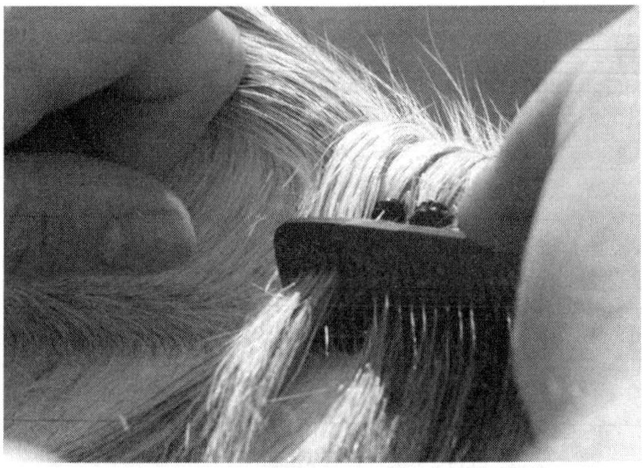

图4-14　绑编织带并用梳子直线划分

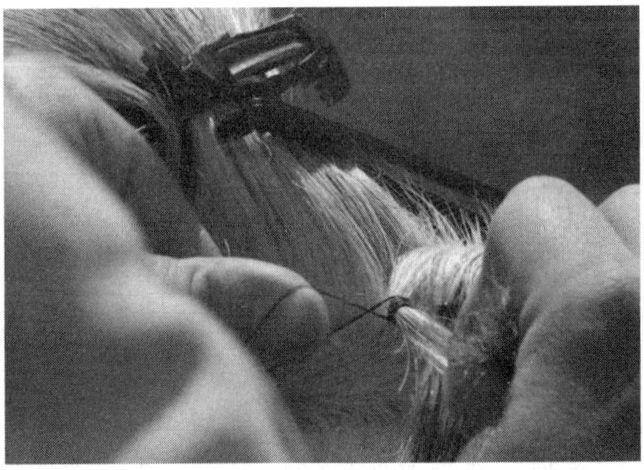

图4-15　用编织带绑鬃毛

(3)如果末端出现任何条带不合线,向任意一侧拉出,同时保持该部分紧贴颈部,将条带向上推。绑好的鬃毛见图 4-16。

(4)最后一步,将毛发向下压以测量长度并确保其均匀。如果长度看起来不均匀,用剪刀或细剪刀直接切割(以获得更自然的边缘)。修剪绑好的鬃毛见图 4-17。

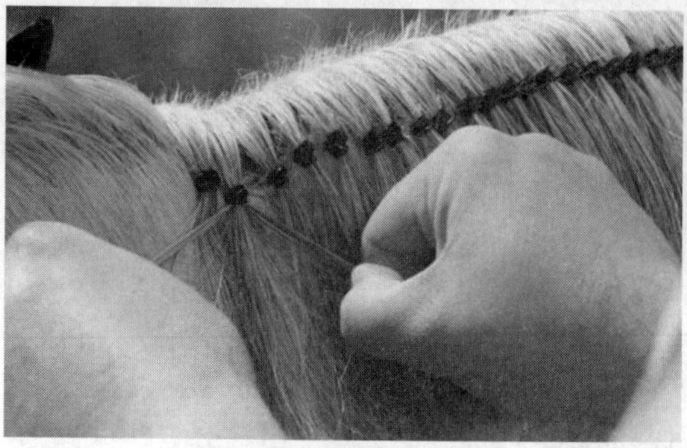

图 4-16　绑好的鬃毛

图 4-17　修剪绑好的鬃毛

(5)还可以用一点婴儿油让刘海显得服帖,让其保持自然下垂,或者用一条带子把它绑起来。

(6)然后,将麻花辫折起,朝内侧向上卷成 1 个小球,用橡皮筋将小球捆起来。如果觉得用橡皮筋捆起来的方式不够美观和稳固,那就用针线完成。先在麻花辫尾端的橡皮筋上固定好线,提起麻花辫把针穿入发根部,再朝内翻卷 1 次,打结固定好后,把多的线剪掉。绑好的鬃毛辫见图 4-18。

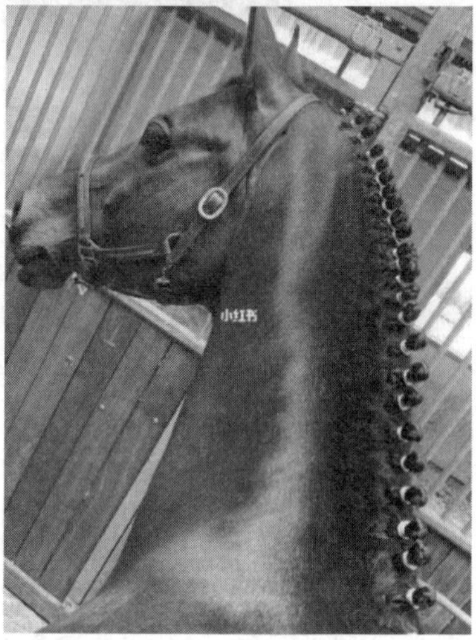

图 4-18　绑好的鬃毛辫

(三)马尾编辫

给马编一个好看的马尾辫,使马的尾毛看起来整洁和美观。在比赛中,精致的马尾会使马看起来更优雅,更有精神。好看的马尾辫编起来并不难,但是需要花时间练习。马尾编辫步骤如下。

1. 拴马

编马尾的时候,要把马拴牢固,最好是在平坦的地面上,然后给马吃一些饲料,防止马乱动。编辫子的时候,人是站在马的后面的,所以要时刻注意,以免被马踢伤。拴马见图 4-19。

2. 梳马尾并检查其厚度

用比较柔和的尾毛刷或体刷,一只手握住尾巴的根部,先将尾部和侧面以及顶部的尾毛梳理通顺,然后再一点一点梳理剩下的部分;如果马尾的毛很薄,或者侧面的尾毛太短,可以用一些好的假尾毛接在短尾毛上,使马尾看起来整齐一致。梳马尾见图 4-20。

3. 打湿尾巴

在开始之前,用刷子或海绵把马尾用水稍微打湿,然后用手指沾一点发胶或是蛋白涂在上面,这样会使马尾好控制而且看起来更有光泽。注意有些马对普通的发胶过敏,不要用护发素,这会使尾毛过度光滑,不容易掌控。打湿马尾见图 4-21。

4.用手指穿过顶部和两侧的尾巴

打湿马尾后，开始准备编辫子，先用手从上到下梳理一遍尾毛，确保可以抓住马尾的任何部分，尾毛中没有夹杂任何东西。手指穿过顶部和两侧的尾巴见图 4-22。

图 4-19　拴马

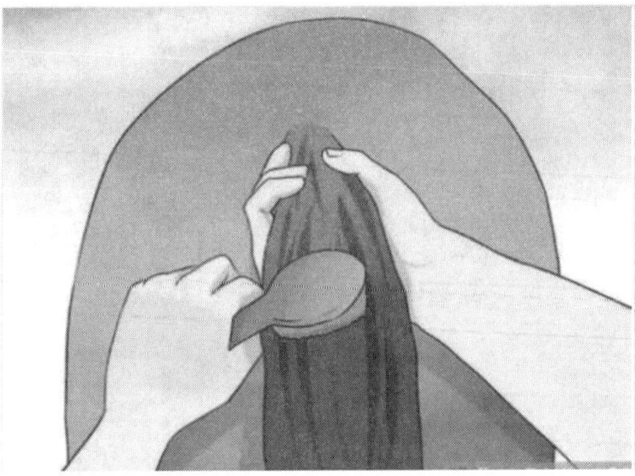

图 4-20　梳马尾

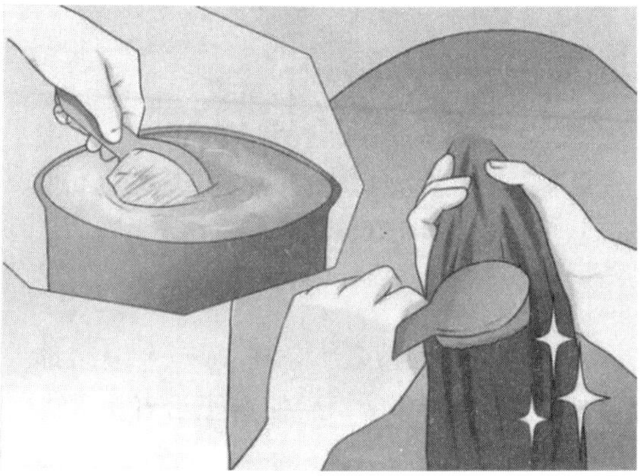

图 4-21　打湿马尾

图 4-22　手指穿过顶部和两侧的尾巴

5.站在高处编马尾辫

如果站的比马低，就要仰着头编辫子，易使辫子松动或看起来不整齐。你可以在脚底下垫一个板凳，站在板凳上编，但也不要太高，以免够不着下面。站在高处编马尾辫见图 4-23。

6.取两小撮尾毛

从马尾的顶部开始，每侧抓住一小撮尾毛，大概 1 cm 的粗细，分别握在左手和右手，并保持举起来。取两小撮尾毛见图 4-24。

7.两边马尾交叉

左手的尾毛和右手的尾毛相互交换，并一直握在手中，保持尾毛形状不乱，给马尾辫打一个好的基础，注意不要碰到马的身体。左右手两边马尾交叉见图 4-25。

8.开始编法式辫子

从左侧取第三部分的尾毛，粗细与前两部分大致相同，用蝎子辫的方式往下编，一边编一边往里续新的尾毛。编法式辫子见图 4-26。

图 4-23　站在高处编马尾辫

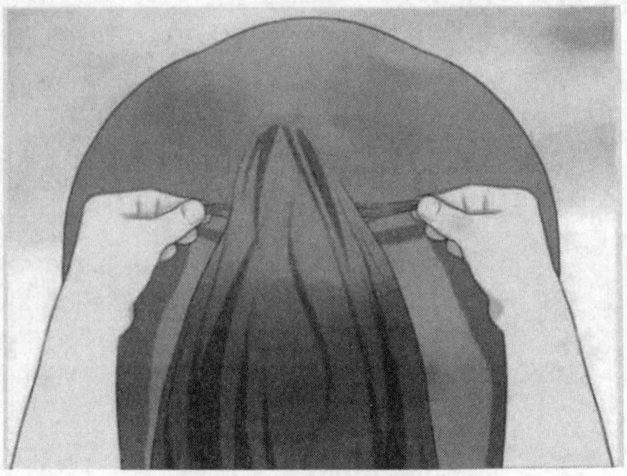

图 4-24　取两小撮尾毛

图 4-25　左右手两边马尾交叉

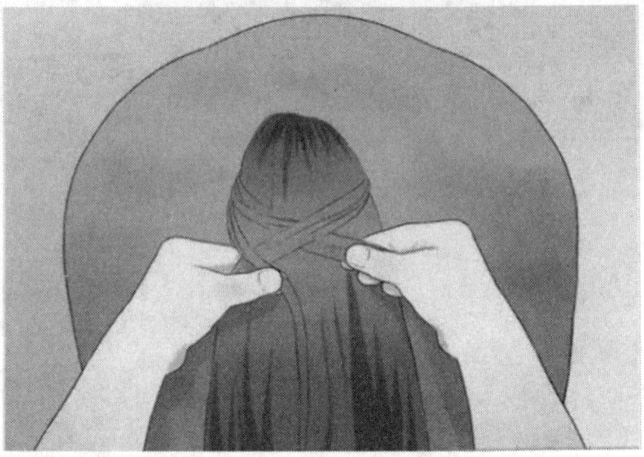

图 4-26　编法式辫子

9. 继续编织，每次交叉时添加新尾毛

用上面的方法继续编，保持每次尾毛的数量尽可能均匀，并且压力均匀，每一个编结都要拧紧，编结的中心要保持在一条直线上，不要向下硬拉，稍微用点力引导，使辫子沿着尾部的方向走。每次交叉时添加新尾毛见图 4-27。

10. 结束编织

编到马尾 2/3 的长度以后，不要再续新的尾毛，只用普通的编三股辫的方式把剩下的尾毛编完即可。结束编织见图 4-28。

图 4-27　每次交叉时添加新尾毛

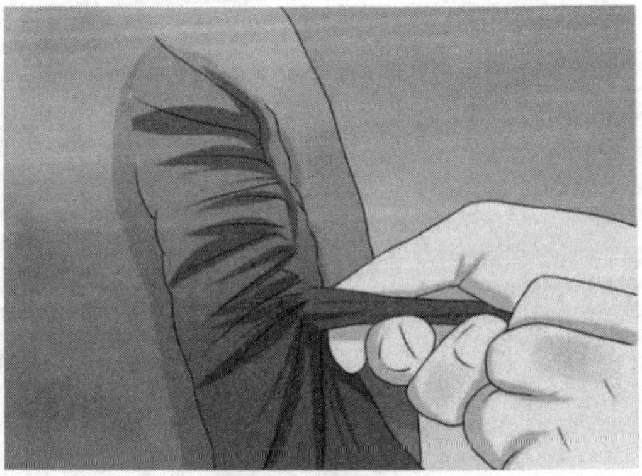

图 4-28　结束编织

11.固定辫子的尾部

编到最下面，用橡皮筋固定，也可以用线或纱代替橡皮筋，如果要参加表演或竞赛，注意橡皮筋或线的颜色要与马尾毛的颜色相匹配。固定辫子的尾部见图4-29。

选择固定辫子的方式。固定辫子的方法有很多种，一般使用的方法是循环缠绕，或用线或纱直接缝住末端，还有把马尾绕成一个球形固定的。

(1)环状固定。折叠起三股辫，把它塞到蝎子辫下面形成环状，然后把两层的辫子用针缝合在一起，缝合的方式类似于缝补衣服的破洞。环状固定见图4-30。

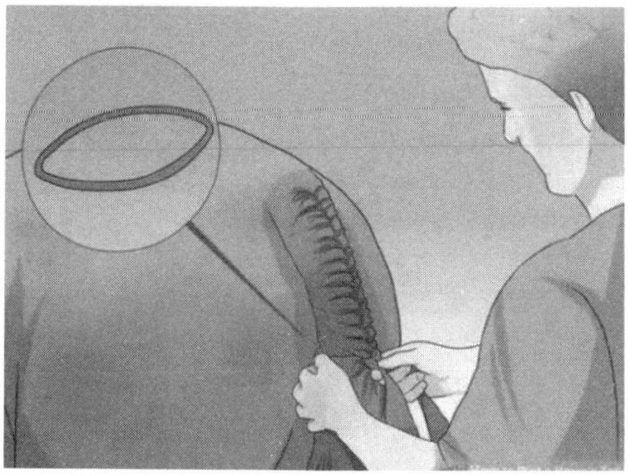

图4-29　固定辫子的尾部

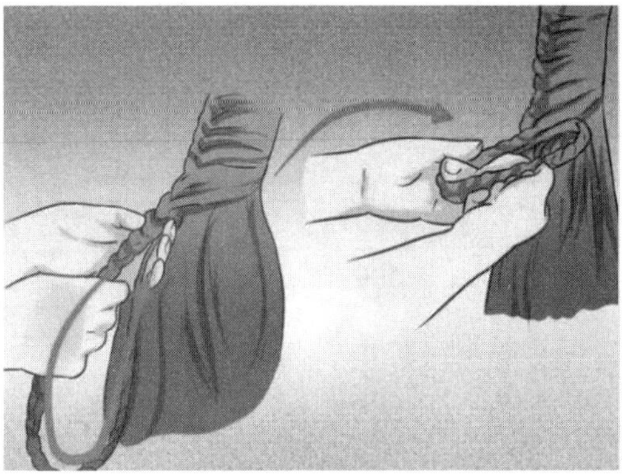

图4-30　环状固定

(2)缠绕固定。这种方法比较快，直接把三股辫缠绕在蝎子辫的底部，然后用橡皮筋、线或纱布固定住。缠绕固定见图4-31。

12.固定尾型

给绑好的马尾辫喷点啫喱水或其他发用凝胶，保持辫子造型，不要有碎毛或其他毛躁的尾毛。固定尾型见图4-32。

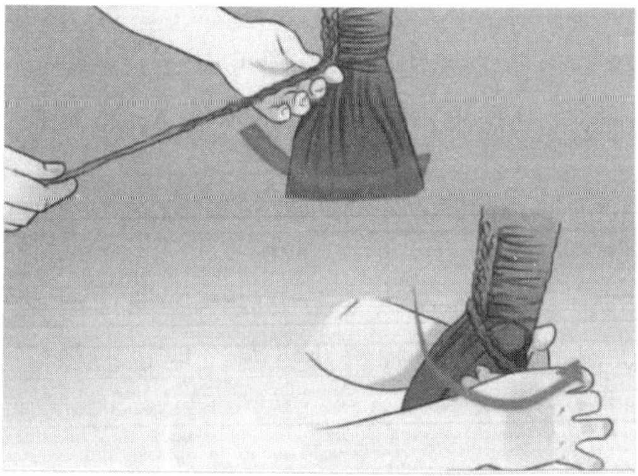

图4-31　缠绕固定

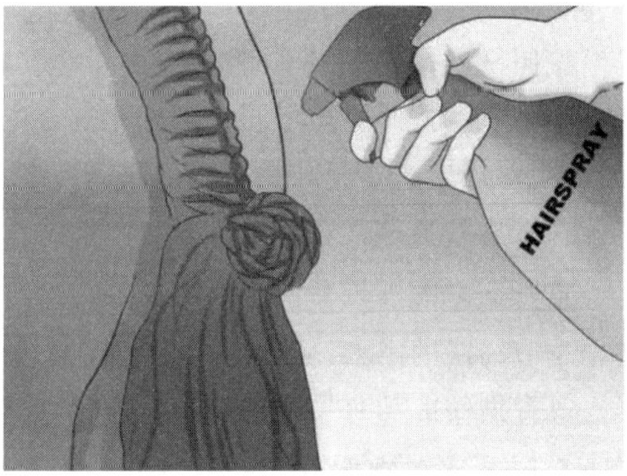

图4-32　固定尾型

13.保护马尾辫

马儿瘙痒的时候，可能会扯到辫子，可以用绷带或者长袜子套在马尾辫上，以保护辫子。保护马尾辫见图4-33。

辫子的长度取决于马匹的体型，有些马匹适合长辫子，有些马匹则适合短的辫子。一旦马尾达到适合的长度，就可以把散落的尾毛编好，折起辫子末端并用橡皮筋固定。编好的马尾辫见图 4-34。

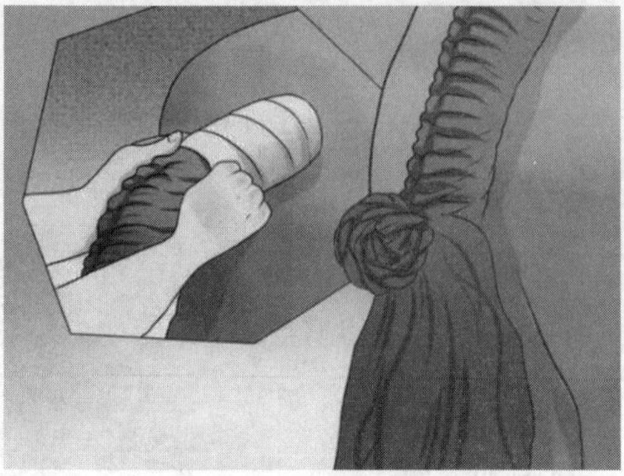

图 4-33 保护马尾辫

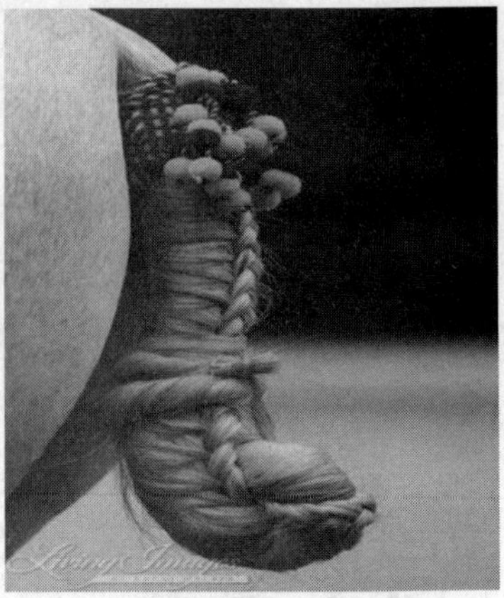

图 4-34 编好的马尾辫

子任务3 马衣的穿戴

一、知识点

(一)马衣简介

马衣可以保护马的皮肤以及将马保持在一定的体温范围内不受气候的影响，特别在温差较大的地区，马衣对马的身体更能起到一定的保护作用。

(二)马衣的类型

按照马衣使用空间不同，分为户外马衣和室内马衣，按照使用季节不同可以分为冬季马衣和夏季马衣。按照材质不同可以分为复合型超能马衣、阳光浴户外马衣、马房马衣、超爽快干马衣、防蚊蝇雨衣、斑马网纱马衣、训练马衣。

1. 复合型超能马衣

复合型超能马衣是薄款户外马衣和马房马衣的结合体，其特点是能最大限度地适应全年各个季节马匹的需求，从寒冷的冬天到只需少许保温的夏夜，是我国北方寒冷地带的最佳选择。复合型超能马衣见图 4-35。

2. 阳光浴户外马衣

阳光浴户外马衣是一款轻薄型的户外马衣，在其他户外马衣略显厚重的时候，这款马衣是最好的选择。这款马衣是为下雨天和晴天开发的，其特点是防水透气、外料增加了 Teflon(聚四氟乙烯、聚全氟乙丙烯)涂层，反射阳光的颜色能帮助抵抗高温，网眼内里帮助保持马衣内的空气流通，是夏天的最佳选择。阳光浴户外马衣见图 4-36。

图 4-35　复合型超能马衣

图 4-36　阳光浴户外马衣

3. 马房马衣

马房马衣通常用丙纶做外料，用抗菌快干面料做内里。其特点是穿上它可以迅速擦干一匹湿的或者正在出汗的马，保证马的舒适度。马房马衣见图 4-37。

4. 超爽快干马衣

超爽快干马衣是一款高性能、重量轻、多用途的马衣，这是一款完美的旅行马衣、比赛马衣和轻薄的马棚马衣。其特点是具有单层快干面料，能排出水分，确保马匹干爽；低摩擦的外料降低了材料的使用量，使马更加舒适。超爽快干马衣见图 4-38。

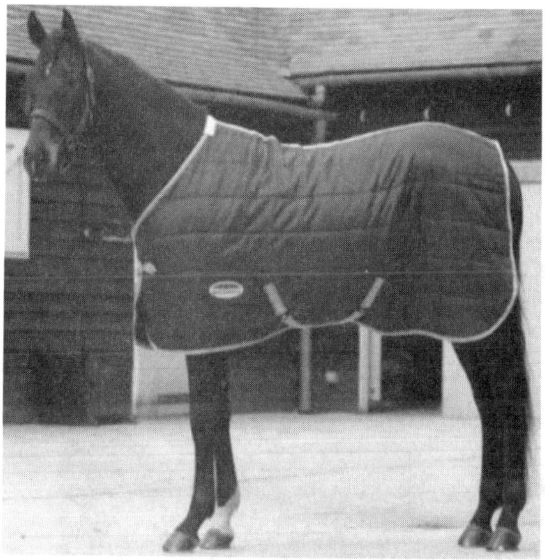
图 4-37　马房马衣

图 4-38　超爽快干马衣

5. 防蚊蝇雨衣

当天气变化、晴雨不定时，防蚊蝇雨衣是款完美的马衣，这是一件把防蚊蝇马衣和阳光浴户外马衣相结合而开发出的防蚊蝇雨衣。其特点是马衣的上部分是防水透气的，而下半部分是用网纱面料做的，可以保持马的干爽透气。防蚊蝇雨衣见图 4-39。

特点：防水、透气、轻便的设计能使这款马衣在下雨天保证马匹干爽，尤其对于各种赛马参加比赛极其重要。

6. 斑马网纱马衣

斑马网纱马衣是由一种印了斑马花纹的具有特别功能的网纱面料组成的，其特点是能防止各种苍蝇、蚊子及较小的昆虫叮咬马匹，其面料能降低紫外线照射并防止对马的危害。斑马网纱马衣见图 4-40。

图 4-39 防蚊蝇雨衣

图 4-40 斑马网纱马衣

7. 训练马衣

训练马衣轻便耐用，适合全天训练用。其特点是具有抗撕裂、防水、透气的外料，抗菌的内里保护马匹，保持马衣清洁；骑乘过程中，通过刺毛可以轻易分离。训练马衣见图 4-41。

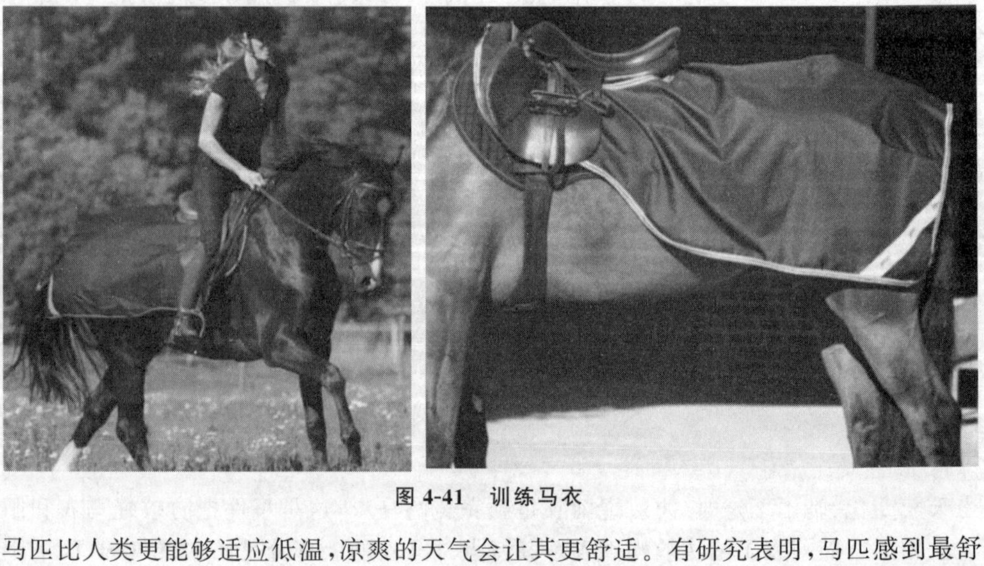

图 4-41 训练马衣

马匹比人类更能够适应低温，凉爽的天气会让其更舒适。有研究表明，马匹感到最舒适的温度为－7～16 ℃。对于大部分健康的以及没有修剪毛发的马匹来说，只要不刮风和下雨，是可以安全度过－17 ℃的。除了剃了毛的马和 24 h 在户外生活的马以外，大部分马在 5～10 ℃

时不需要穿马衣。年纪大的马、年幼的马、偏瘦的马、剃了毛的马可以稍早穿上马衣。马匹在冬季到底需不需要使用马衣，还需要综合考虑很多因素。

(三)马衣的挑选和测量

挑选尺码合适的马衣至关重要，它决定了马匹的舒适度，要保证马衣与马匹毛皮之间无摩擦，特别是马衣的边角。如果过紧，可能会导致马衣与马匹毛皮之间的强烈摩擦。如果马衣尺寸过松，可能会有滑落的危险。还要确保马衣带不要太紧，但也不要太松，以免马腿被马衣带套住。

马衣应该覆盖到马的肘部和膝关节以下；从马胸部的中心量到马的尾部，停在马匹尾部适宜长度的地方，这是买马衣时度量尺寸的要求(图 4-42)(测量 A 到 B 的长度，再根据马衣的款式，减去 17.78 cm 或 10.16 cm，就是马衣的合适尺寸)。

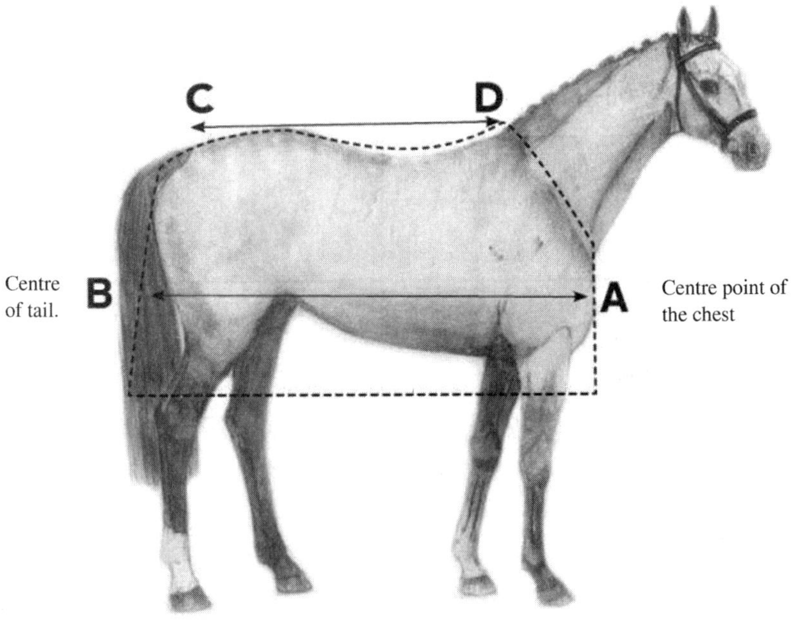

图 4-42　度量马穿马衣的尺寸

挑选马衣不能按照肩高确定，因为相同肩高的马匹，其体型可能是多种多样的，有胖有瘦。

如果马衣很合身，但会摩擦马匹的肩膀，可以试着用缝制的羊绒垫或婴儿尿布来减少摩擦；也可以在马衣底部用喷雾方式喷上硅胶树脂来达到同样的效果。

(四)穿脱马衣安全建议

(1)多数情况下，给马匹穿脱马衣的环境不可能总是理想的。如有时候可能不得不在一个大牧场、广阔的草地上或是人多嘈杂的露天演出场所里为马匹穿、脱马衣。遇到这种情况需要先找到一块相对安静的地方，至少不应该有孩子们在嬉闹，如果能找到类似于栅栏的地方就更好了，不仅可以把马衣放在上面，还能让马的一侧靠近这种屏障物站立而减少它乱动。接着，由其他同行帮忙牵住缰绳，这样就可以按照程序正确地继续操作了。

(2)多风干燥的地方容易产生静电，惊吓到马匹。所以生活在这种气候环境中的马主应该考虑给马匹使用空气加湿器、具有补水功效的洗护用品。在马匹的鬃毛和马衣上喷少量的水；

或者在穿戴马衣前，可以直接在与马匹皮肤接触的马衣内层涂抹一些防静电的物质；倘若马匹对马鞍和马镫格外敏感，就应该放慢速度，有条不紊，尤其是在处理肚带和腿带的时候，一丁点儿的意外响动都不能出现，否则会惊吓马匹。

(3)被损坏了的马衣同样构成另外一种安全隐患。如果只是破了小洞，修补下还可以接着用；但是如果被划了几厘米长的口子，填充物一旦暴露，即使修补了也起不到防寒、防潮的作用。坏了的马衣也有套住马蹄的危险，所以一旦发现了马衣有质量问题，最好换新的。

二、穿脱马衣

(一)穿马衣

(1)将马衣准备好，叠放成刚刚摘脱下来的形状。

(2)给马匹戴上笼头。在整个穿戴过程中要一直牵住缰绳以便控制局面。

(3)拿起准备好的马衣，慢慢从左侧靠近马匹，要让马匹相信这是没有任何威胁的东西，并把它轻轻地放在马背的中间部位。

(4)向颈部方向打开第一层折叠的马衣，然后向后腰部打开第二层马衣，将马衣完全铺展开。

(5)将马衣上所有的带子轻轻地从马背上垂放下来。

(6)将马前胸的带子扣好。

(7)扣好肚带，同时要确保肚带是平整而非扭曲的，不要让它擦疼马匹的肚子。

(8)最后把左右两条后腿带交叉并固定好。操作方法是将左边的后腿带绕过右边的带子后返回左边的方向扣好，右边同理如此。这样交叉固定的方法可以有效防止后腿带过于松弛、马衣侧偏、带子套住马蹄等。此外，也要确保后腿带是平整而非扭曲的，不要让它擦疼马匹的腹股沟。

马匹第一次穿马衣一定要慢慢来。首先，尽量让它站在栅栏旁边，但不要拴住它。可以邀请一些熟知马匹习性的人来帮忙，然后让马匹熟悉马衣的气味和所发出的声响，可以拿马衣在马身上轻柔地蹭，时刻注意马匹的反应。如果马表现得紧张，先退后，慢慢地再重新开始尝试，不要着急，别抢时间，一切措施都要确保马能愉快的接受第一次穿马衣。穿马衣步骤见图 4-43。

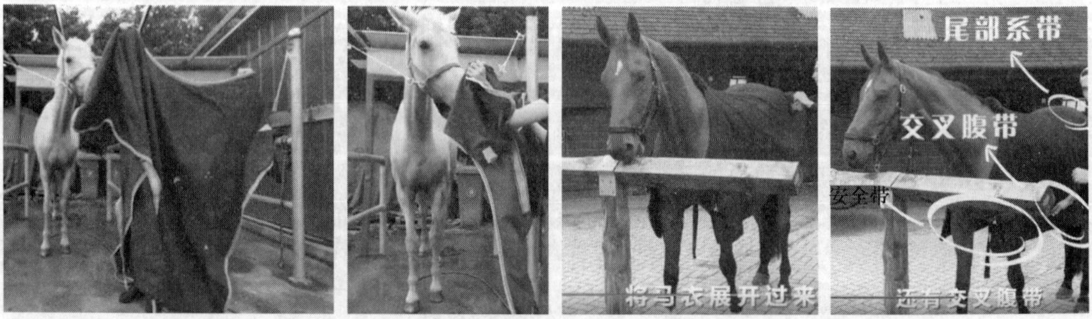

1.笼头固定马匹　2.张开马衣让马看和嗅闻马衣　3.把分清前后对折的马衣放到马身上

图 4-43　穿马衣步骤

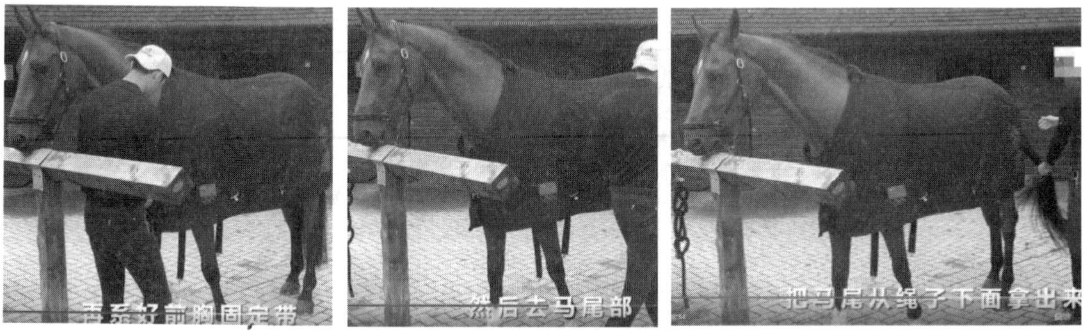

4.系好前胸固定带　5.去尾部把尾巴从绳子下拿出来

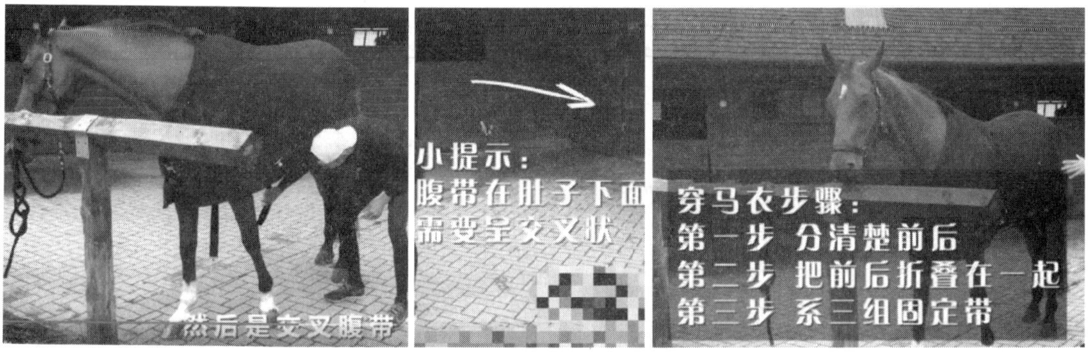

6.系好交叉腰带

续图 4-43

(二)脱马衣

(1) 给马匹戴好笼头，在脱马衣的时候要一直牵住缰绳。如果在此过程中马匹受到了惊吓，牵住缰绳可以起到有效的控制作用。

(2)先解开后腿的带子。如果先解开了前腿带和肚带，马衣就很有可能后滑并套住马匹的后腿，而导致其受到惊吓并跌倒。

(3)然后解开马衣的肚带和前胸的带子，接着把所有解开的带子全部折放在马背上，为下一步折叠马衣做准备。

(4)慢慢地从马匹后腰部开始将马衣折叠 1/3。

(5)最后将颈部的 1/3 折叠过去，现在马衣应该是一个三层的形状，这样的叠法可以把马衣叠得较窄，缩小体积。最后，轻轻地将马衣从马背上搬走即可。脱马衣步骤见图 4-44。

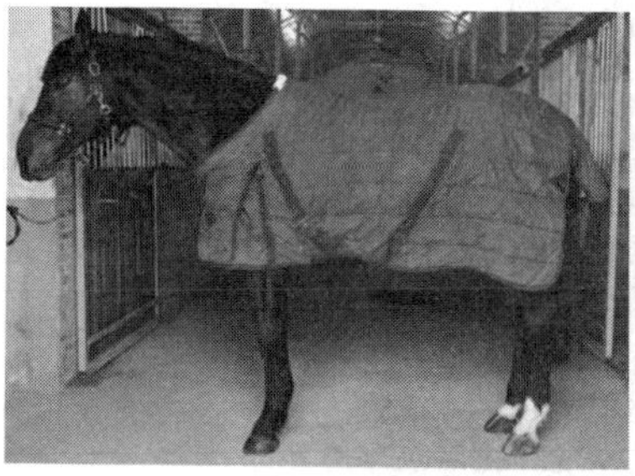

1.马匹戴好笼头

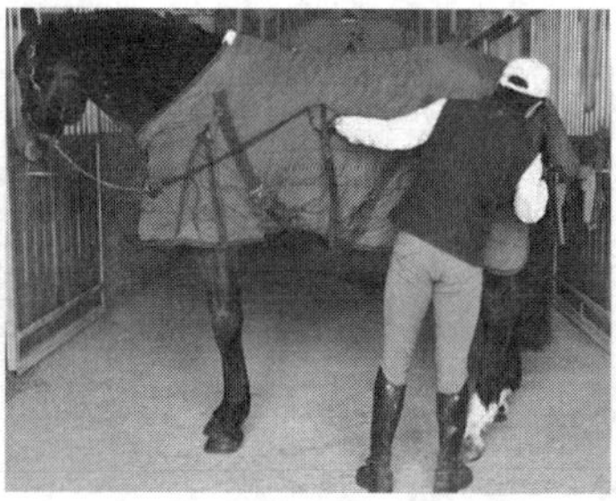

2.解开马后腿的带子

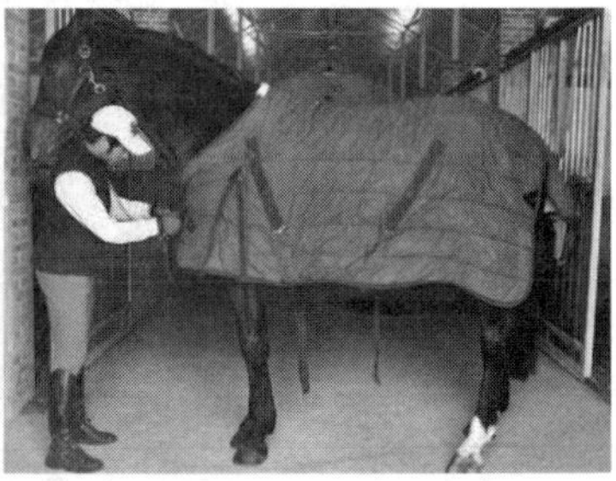

3.解开马衣的肚带和前胸的带子

图 4-44　脱马衣步骤

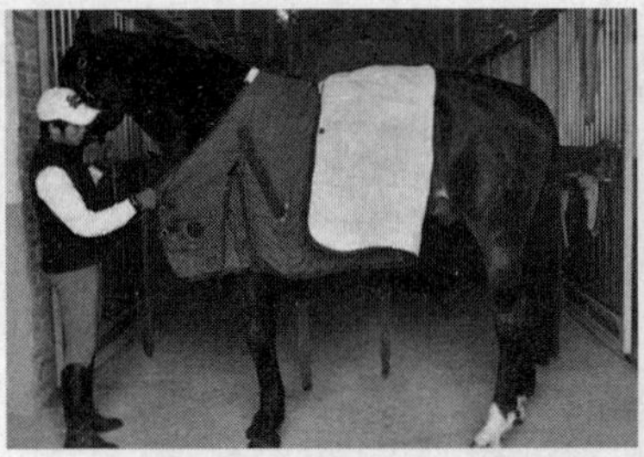

4.在马匹后腰部将马衣折叠1/3

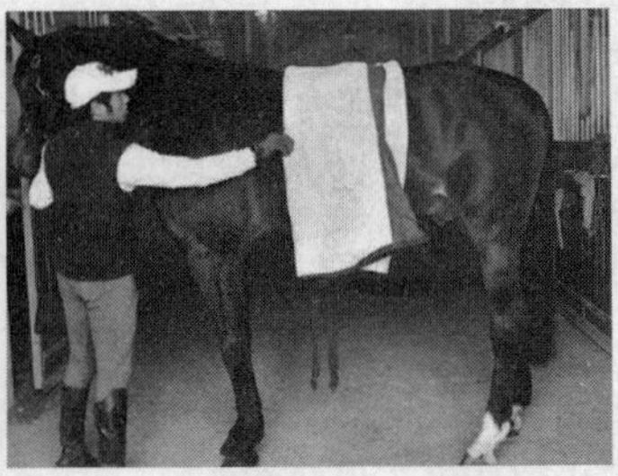

5.把马匹颈部的1/3折叠

续图 4-44

(三)穿脱马衣常见错误操作

(1)不借助笼头和缰绳的帮助。

(2)把马拴在不牢靠的东西上。

(3)操作动作唐突。

(4)在穿、脱马衣的过程中发出不必要的响声。

(5)拿着未折叠的整个马衣从后面接近马匹。

(6)像铺床单一样把马衣铺到马背上。

(7)不注意观察马匹的反应。

子任务4　绷带、护腿

一、绷带

(一)知识点

1. 绷带介绍

在赛马比赛中,总能在一些赛马身上看到一种常见的装备——绷带。马匹绷带通常为3～6英寸宽(7～15 cm),由富有弹性或棉质的材料制成。主要用于赛马比赛、马匹长时间训练或马匹出勤时做腿部保护。一般是成对使用,如双前腿或双后腿,又或者四条腿都绑上绷带。绑好马匹绷带见图4-45。

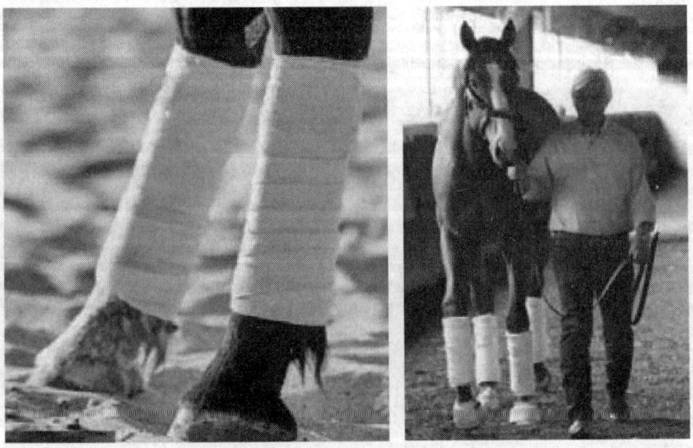

图 4-45　绑好马匹绷带

2. 马匹绷带的类型

根据绷带的使用范围可以分为两大类。

(1)运动及传统绑腿。用于英式马术及马球，常用于盛装舞步中。它们通常由使马腿舒适的材料制成，用尼龙搭扣固定。它们可以防止擦伤或割伤(无论是来自马匹自己还是另一匹马)，一定程度上有助于支撑关节，并提供额外的保护层，防止灰尘、沙子和碎屑进入。运动及传统绑腿见图4-46。

(2)马房绑腿(站立绑腿)。使马厩中的马腿部保持温暖舒适，并防止长时间站立可能出现的肿胀。长时间站立不动的马远端肢体会出现水肿(液体肿胀)。这种肿胀会让一些马感到疼痛，皮肤也会变得更脆弱，更容易受到伤害。绑腿可以防止长时间不动的马出现水肿，本质上与包扎伤口的科学原理一样，腿部的压力有助于平衡血压，防止液体积聚在下肢。这类绑腿由棉花或棉质内里和用于固定的绷带制成，或使用冷却擦剂，帮助减少小腿的积液或肿胀。马房绑腿见图4-47。

图4-46　运动及传统绑腿

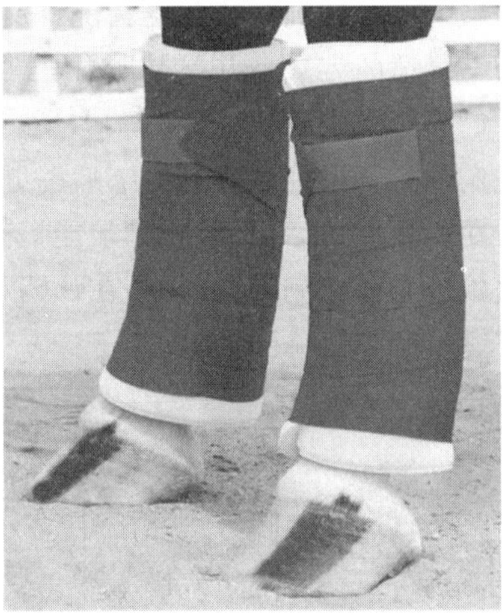

图4-47　马房绑腿

除以上两类外，在赛马比赛中，"下沉磨损防护绷带"是大多数马主都熟悉的绷带类型，这种绷带通常是针对马匹在沙地的赛道上比赛或训练时，后腿球节处容易承重下沉，从而与赛道面产生磨损的情况而使用的绷带，赛马使用这种绷带会在球节下方再贴上额外的护垫，用来防止球节在负重过程中下沉时带来的磨损。绑绷带可由马工和有经验的骑师进行，大部分骑师会在赛前为自己的爱驹亲自绑上绷带。

与马相关的运动项目中，绷带的类型和使用方式也因项目的差异会有所不同，如马球绷带一般由较厚的棉质材料制成，而赛马比赛中一旦绷带过重，它们可能会滑落并松动，对马匹和骑师造成安全隐患。如果马匹正在进行慢跑或匀速行进，则可以使用马球中常用的棉质材料绷带；如果马匹正在进行快跑或速度训练时，则可以使用轻便的布织绷带，这样可以在训练中防止擦伤或其他伤害的出现。马匹球节见图4-48。

3. 马匹绷带作用

主要有两个作用：提供支撑和防止受伤。

4. 马匹绑绷带注意事项

(1)在使用绷带之前,马匹腿部需要完全清洁和干燥。如果腿部不干净或不干燥,即使正确使用绷带,也可能会使马匹腿部在绷带处出现肿胀或感染现象。

(2)不合理地使用绷带可能会对赛马产生伤害,马匹不应该绑绷带的情况包括:尚未得到妥善处理的伤病;腿上或局部存在腐蚀性软膏或药物;绷带无法适用服帖的情况。

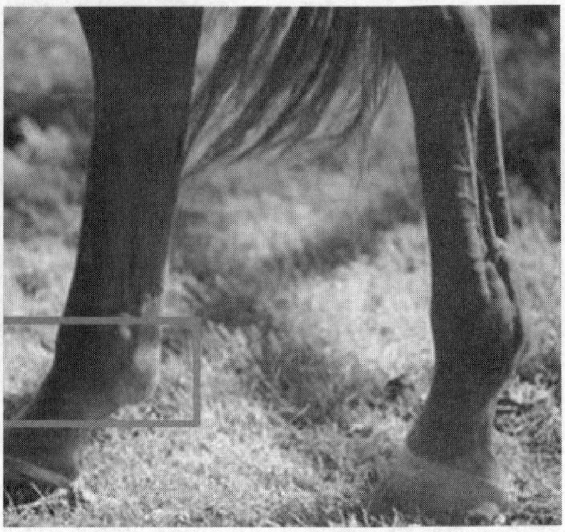

图 4-48 马匹球节

(3)马匹绷带的使用方式

不同赛马使用绷带的方式不同,即便是同一匹赛马,在不同场合下也不会完全以同样的方式进行使用。马匹绑绷带的方式往往取决于马匹当天所做的训练或比赛情况,专业人员需要根据马匹的肌腱组织适当调整绷带压力,选择让赛马舒适的方式。并不是所有马匹都适合或者需要绑绷带,对绷带本身比较敏感的马会妨碍它们更好地进行比赛。

在实际比赛中许多赛马只绑后腿绷带,因为马匹的后腿比前腿更容易被绊倒或在脚踝处产生长期积累性的擦伤,后腿绷带能提高安全系数;绷带也可以绑在前腿,但若马匹在训练、比赛过程中绑有前腿绷带,特别是在认购赛中,容易被人怀疑马匹的前腿肌腱是否有受伤情况。马匹绑绷带的方法见图 4-49。

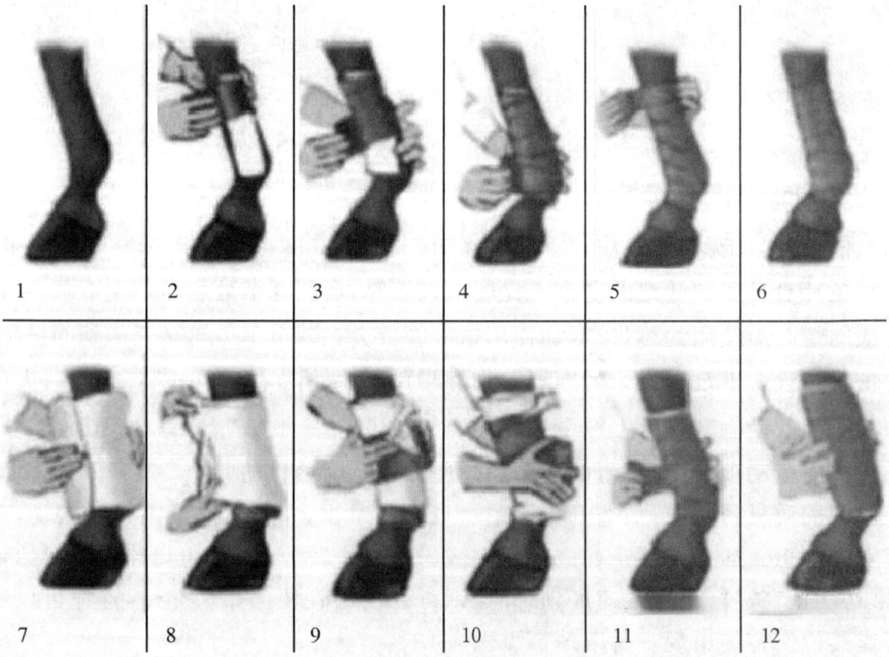

图 4-49 马匹绑绷带的方法

绷带的正确绑法:绷带的压力必须分布在马腿球节的周围,并适当地向上伸展肌腱,以确保马腿在绑上绷带后能够均匀受力。切记,不正确使用绷带造成的不均匀压力会增加绷带脱落的可能性,从而导致意外伤害的增加。

当给外侧(右)马腿缠绷带时,按顺时针方向;另一侧(左)马腿则按逆时针方向;这样每一条马腿上的肌腱和韧带都在同一方向上受到绷带的压力。

二、护腿

马护腿和绷带一样,可以帮助马腿免受伤害,还可以防止肿胀,保暖御寒。护腿和绑腿的主要区别在于:护腿需要套在腿上并固定,而绑腿则需要缠绕在马腿上。护腿一般由皮革、羊皮、凝胶体、塑料或者氯丁橡胶制成。

(一)知识点

1.使用时间

所有的护腿都是为马在短时间内提供保护作用而设计的,如果长时间佩戴反而会引发腿部酸痛等症状。不管多高科技的、价值连城的护腿也不能让马 24 h 绑着。

2.不同类型的护腿

马术运动中护腿对马匹的保护至关重要,不同的运动要选择不同的马匹护腿。

(1)障碍护腿。这是在日常基础马术训练中最常见的护腿类型。一般为硬质塑料或是由合成橡胶制成,大多为保护马匹前肢管部及球节的内侧、外侧和后侧;保护马匹后肢球节的内侧。这样的设计是为了防止后蹄划伤前肢,也可以防止在做一些动作的时候左右两肢的碰撞。障碍护腿见图 4-50。

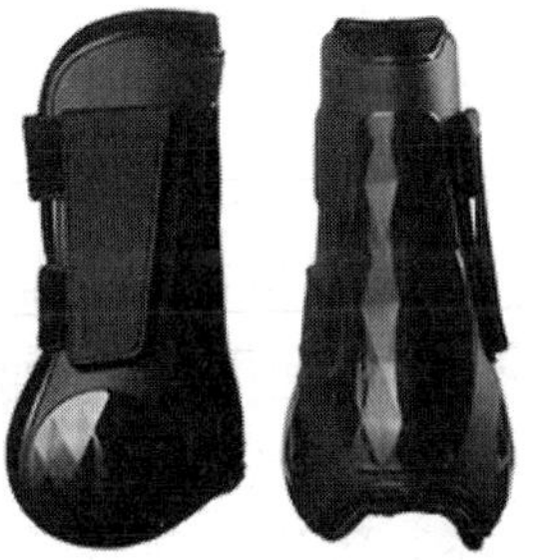

图 4-50　马匹障碍护腿

(2)日常训练护腿。以更舒适的设计,保护马匹前肢内侧和后肢内侧。在不需要跳障碍时,或是不需要做较复杂动作时,我们不需要过多的保护,只需要保护马匹重要的关节就可以。良好材质的日常训练护腿很好地平衡了保护和舒适两方面。马匹日常训练护腿见图 4-51。

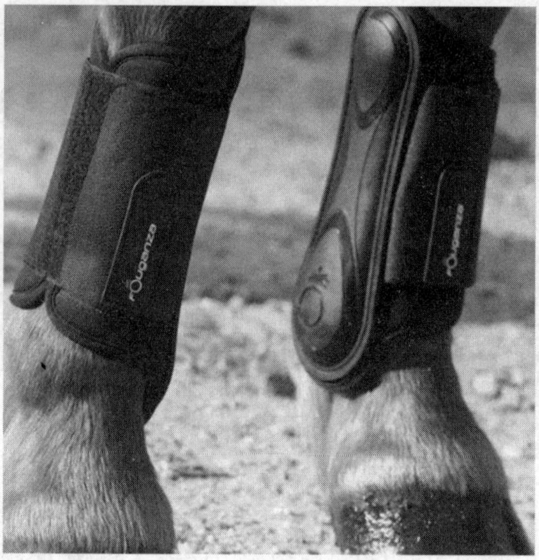

图 4-51　日常训练护腿

(3)运输护腿。一种带有羊毛衬里的护腿,用于需要外出比赛或是长途运输使用,能很好地保护马匹前肢从腕到蹄,后肢从飞节到蹄,可以防止在漫长旅途中马匹磕伤关节,或是不小心踩掉蹄铁。马匹运输护腿见图 4-52。

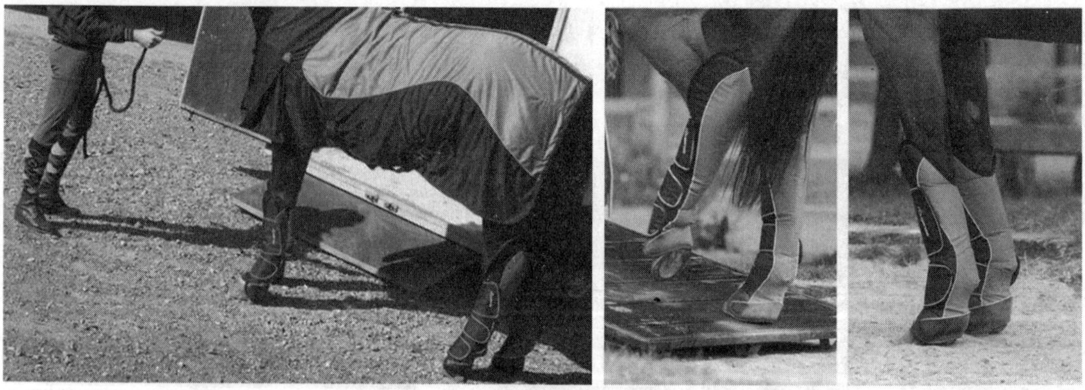

图 4-52　运输护腿

(4)护蹄腕。用于保护马蹄顶部的冠状带免受过度伤害,适用于后脚可能会撞到前脚的“过度伸展”的马匹,或者前脚被夹住的马。护蹄腕见图 4-53。

(5)护球节。多用于马的后腿,只盖住了球节部分,通常与前开式护腿搭配,在场地障碍项目中常见。护球节见图 4-54。

(6)放牧护腿和护蹄。另外还有用于在野外保护马腿的放牧护腿(图 4-55),这种护腿通常用于年老或受伤的马,防止泥疹或泥热。还有类似于马蹄铁的护蹄(图 4-56),可以保护蹄底,专为减震设计。如果马丢了蹄铁但需要骑乘,可在紧要关头使用。

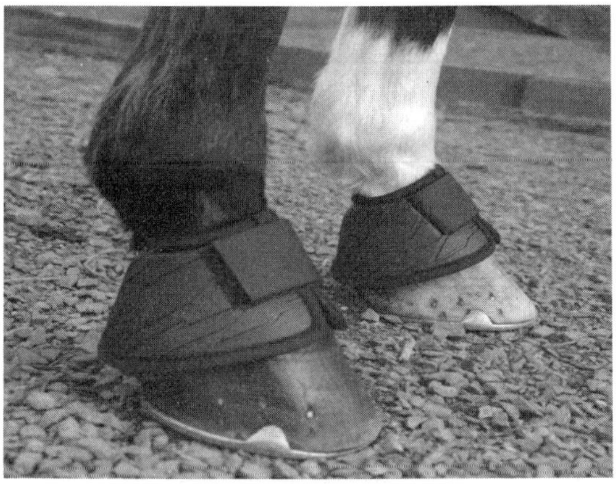

图 4-53　护蹄腕

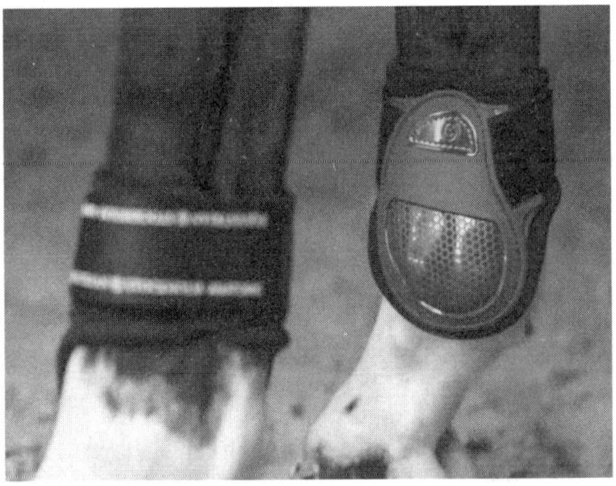

图 4-54　护球节

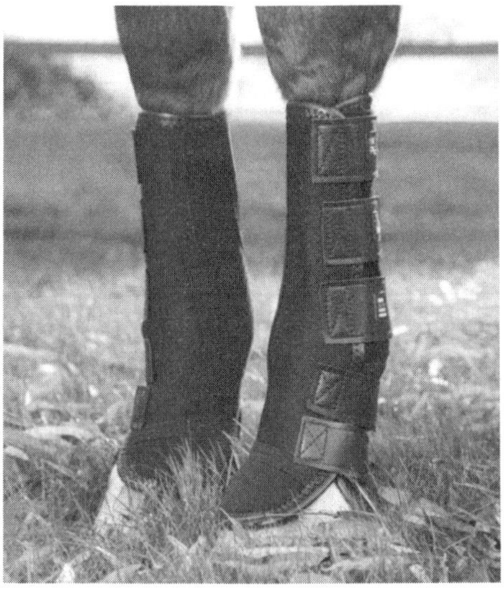

图 4-55　放牧护腿

图 4-56　护蹄

(二)护腿的穿脱

1. 穿护腿

穿护腿时,先固定中间的扣贴,然后是上部的,最后是下部的。

穿护腿时要注意各部位要压力均匀,松紧适度,特别要避免过紧以致血流不畅。绑松了会掉下来,绑紧了又压迫腿部,要绑得松紧适度还均匀,必须经过多次训练穿脱护腿和对马匹运动状态非常了解才能掌握这项技能。

2. 脱护腿

脱护腿时,最后松中间的扣贴,以免因马匹移动导致护腿滑落。

3. 及时清洁

每次用完护腿都要把泥、沙清洗干净,尤其是紧贴皮肤的那一面,否则会给马腿造成不必要的擦伤。

子任务5 马匹比赛期间的护理

在比赛期间，对马匹的护理是一个很重要的环节，包括赛前的护理、赛后的护理、运输途中的护理。

一、马匹赛前的护理

基本护理同马匹运动前护理。注意事项：赛前的准备时间可以随着季节的变化而变动，天气炎热的情况下准备时间不宜过长，反之，天气寒冷则可以适当加长准备时间。天气炎热易因阳光长时间直射且温度过高而导致马匹脱水，因此在赛前需要在得到授权的前提下给马匹补足水分及电解质。

二、马匹赛后的护理

赛后马匹在终点处要接受检查，检查心跳次数和体温。体温在 40 ℃以下不会给马造成太大影响，可以不用采取降温措施。体温超过 40 ℃时（这时心跳在 120 次/min 以上）就要采取降温措施，方法就是利用大量的冰水不停地擦拭马匹，也可用水管直接冲洗马体。最需要降温的部位是肩、臀和头部。降温时间最好持续 10 min，也有在 10 min 内体温不下降反而升高的，但之后会每 10 min 降 1 ℃。如果体温一直降不下来，就要输液。这时脱水应在 5%以上，马匹需要补充的液体应该在 50～60 L。

马匹赛后的一般护理同马匹运动后的护理技术。尤其是在马剧烈运动或比赛后的第二天，需要比平时更多的照料。需要特殊处理的情况如下。

（一）给马足够的移动空间

不能把马关在马房，因为前一天大量的工作会让马的肌肉变得僵硬，所以有牧场的地方，第二天尽可能长时间让其待在一个有几匹平时经常在一起的马围栏牧场中。如果没有牧场，第二天尽可能多次地牵着马散步，每次至少步行 20 min。

（二）检查马匹是否脱水

除了提供干净、清澈的水外，还要进行快速的皮肤捏合测试，并检查其毛细血管充合时间，以确保马不脱水，如有异常需要联系兽医。

（三）注意消化不良的迹象

比赛进食时间紊乱或旅行压力会导致马匹肠功能失调。警惕马匹绞痛的迹象，例如滚动，出汗或躁动，以及腹泻或粪便干燥或减少。如果发现马状态不好，应尽早打电话给兽医。

（四）检查马腿是否有肿块和肿胀

轻微的拉伤和其他伤害可能在比赛后的第二天突然暴发。彻底检查马的腿，用手抚摸、查看是否有发热或肿胀的状况，也可以通过快步检测马匹是否有跛行的情况，如有异常需要联系兽医。

(五)确保马有充足的睡眠

就像人一样，马也需要良好的睡眠。应确保马有一个安静的区域，如果和其他马匹在一个围栏内，要确保没有强势的马匹，这些马会让本就疲倦的马感到更大的压力，围栏内可以放上关系和谐的马，这样的马会让其感到更加的放松和安静。

三、马匹运输途中的护理

运输途中的护理是确保马匹安全地运到目的地的重要环节。在运输过程中，除了防止马匹受伤之外，还要考虑马匹的脱水现象。一般情况，马匹在车上超过 12 h，水分消耗会在 5% 以上。需要在启程之前和到达目的地之后做好充分的准备工作。启程之前可以让马喝点盐水，一般来说，1 L 水中加 6 g 盐。运输途中也要让马多喝水。到达目的地后，也要及时给马补充水分和电解质，而且补充水分和补充电解质要分开，要避免阳光直接照射。马匹到达赛场不到 10 d 就参加比赛，会很容易造成脱水现象，所以这就需要提前制订好比赛行程计划等。

子任务6　不同季节的马匹护理

一、春季马匹护理

春季，随着气候的变暖，易发马匹的寄生虫疾病以及冬季饲养管理不当而引起的各种疾病。春季是马匹健康护理的最重要时期，应对马匹进行定期观察，供给足够的饲草、饲料。春季马匹的护理方式主要依马匹的品种、身体状况以及年龄等因素而定，此外，还要加强常规护理。

(一)皮肤护理

春季马匹常发生皮肤疾病，此时应先对马匹进行全面的临床检查，结合问诊和触诊，进一步进行血液和毛皮采样实验室检查，也可以化验饲料、饲草的霉菌及其毒素，以确定病因，如排除上述原因则应考虑是否为摄入过多新生草而引起的。应调整饲料、饲草结构，补充维生素添加剂，促进病马尽早康复。此外，厩舍潮湿、粪污未及时处理都能引起马匹皮肤病，因此，应定期清洁打理马厩，及时处理打湿或污染的垫草，用石灰或者其他消毒药及时喷洒马厩，进行全面消毒。定期帮马匹驱虫，如果没有及时地给予预防及治疗，有可能会进一步引起细菌感染而导致更严重的皮肤问题。

(二)驱虫

马厩容易滋生寄生虫。为了马匹的健康，需要根据不同马匹的需求，制订驱虫计划，准备好驱虫的药物。目前常见的驱虫计划是一年驱虫 4 次，轮换使用不同的驱虫药，这样可以降低耐药性。

威斯康星粪便虫卵定量检测要在春天第一次驱虫前完成。对全部马匹进行粪便定量检测，检测出虫卵的粪样较多时，建议所有马匹都驱虫一次。若粪便含有虫卵的马匹不多，可以只对这几匹马进行驱虫。

驱虫完成后要进行彻底的环境消毒，杀灭排出的虫卵。在夏、秋、冬季再次对马匹的粪便进行检测，对粪便含有虫卵的马匹进行驱虫，随后进行环境消毒。若只有少数马匹粪便带虫卵，且马匹健康，可不用药，继续检测粪便即可。这样做能大大减少不必要的驱虫药使用次数，不仅省了钱，最重要的是可以最大限度地减少寄生虫耐药性的产生。

（三）护牙

马有两大类牙齿。切齿位于口腔的前端，用来切断草茎。臼齿是用来碾磨的牙齿，负责咀嚼。臼齿位于口腔偏后的位置，并且很难看得到。

如果上下颌的牙齿不能完全闭合，采食的不断磨损可能会形成锋利的边缘。牙齿出现问题时的症状包括采食（咀嚼）时食物从嘴边漏出，无法吃完所有的食物，或不愿接受衔铁。兽医可以检查马的牙齿，如果需要的话，可以为马锉牙。锉牙时可使用一把特殊的带有粗糙边缘的锉，用来磨掉牙齿锋利的边缘。

有些马从来都不需要锉牙，然而有些马却需要每年至少 2 次的牙齿处理。这可能要归咎于它们口腔完全闭合时的牙齿咬合方式。如果马有狼齿，则有必要把它去除。即使马的牙齿不存在问题，也要定期让兽医对马的牙齿进行检查。要注意，在操作中不要把手放到马嘴里去摸臼齿，即使再守规矩的马也可能会狠咬或踙断你的手。

除此之外，还要定期进行蹄部护理，在马接种的时候，给马匹涂上蹄油；查看马驹的精神状态，发现精神不佳、活动不灵活的马驹要及时检查，发现意外受伤应及时开展治疗。春季是母马产驹和发情的高峰期，再加上春季气候善变，若不加强护理和定期检查，可能带来不必要的经济损失。因此，春季护理对发展马产业起着重要作用。

（四）矮马春季护理

矮马发生蹄叶炎的概率较高，春季应降低青草的食入量，甚至用干草料取代青草，也可在喂饲前用清水浸泡草料 1 h 左右。同时可以给予马匹适当的维生素、矿物质以及益生菌等营养物质，增强马机体的抗病能力。

二、夏季马匹护理

（一）炎热气候下的护理

夏季运动和役用工作会使马匹增加热能代谢，易引起马匹中暑或者热休克以及其他疾病突发造成的机体伤害。因此，在夏季高温、日晒严重的情况下，做好夏季马匹护理预防工作，让马匹安全度过闷热的暑天尤为重要。

1. 马匹脱水的危害

夏天温度高，马匹对水的需求量也高，马匹的夏季护理首先应给予充足的饮水并预防中暑，若不及时饮水可能容易脱水。一般马匹每日的饮水量为 30～50 L，马匹役用或者骑乘时对水的需求量会增大。马匹脱水会引起机体电解质紊乱以及酸碱平衡失调，导致马匹体温调节功能失调，体力完全消耗而产生疲劳，步态不协调，从而增加马匹摔倒受伤可能，严重时甚至引起马匹死亡。

2. 马匹脱水的症状

关注天气预报及环境变化，提供马匹足够的饮水及电解质，并随时了解马匹的脱水情况。如果马匹发生了如下所述的情况，基本可以判断马匹发生了热中暑或热休克的状况，请立即通知兽医及时治疗。

(1)马匹的呼吸频率上升。马匹采取腹式呼吸，且呼吸频率为 40～50 次/min；马匹在休息 2 min 后，呼吸频率依然没有减慢。

(2)马匹的心跳速率上升。马匹的心跳速率超过 80 次/min，且马匹休息 2 min 后，心跳仍然维持在 80 次/min 以上。

(3)大量的出汗或完全不出汗。马匹全身都不停地发汗，或者更糟糕的是马匹完全不发汗。

(4)体温上升。马匹肛温超过 39.4 ℃(103 ℉)或更高时。

(5)马匹呈现嗜睡、精神不佳、无食欲、肢体不协调。

3. 马匹脱水的检测

检测马匹是否脱水最容易的方法是 Pinch Test，具体操作方法：使用手指将马匹颈部皮肤往上拉起，如果马匹没有脱水，那么拉起的皮肤很快就会回复原位，变成原先平坦的状况。如果马匹皮肤需要 2～5 s 才能回复原位，则表示马匹可能处在轻度脱水情况，如果需要 10～15 s 才能回复原位，则表示马匹处在严重的脱水情况。

4. 马匹脱水的预防

俗话说，治病不如预防。做好预防工作，是减少马匹出现中暑、脱水等危害的最有效措施。马匹脱水的预防措施有以下多种方法。

(1)提供良好宽敞的遮阳场所，避免晒伤。马匹和人类一样，也是会晒伤的。尤其是在没毛的区域、眼睛周围及口鼻部。若发现马匹长时间停留在太阳下，而且上述区域开始发红、起红疹、甚至开始脱毛，那就必须考虑到马匹可能晒伤了。

(2)涂抹防晒霜。在夏季可以使用一些 SPF30＋的防晒乳涂抹在马匹容易晒伤的区域，以降低马匹晒伤的可能性。

(3)补充食盐。夏牧场放牧的马群也定时集合并供给适量的食盐。

(4)隔离治疗。定期查看，对发现异常状态的马进行隔离和治疗。

(二)控制蚊虫

夏季，除了注意气候原因给马匹带来的危害，还要注意苍蝇、蚊子等昆虫对马匹带来的危害的防护。夏季正是苍蝇、蚊子等昆虫活跃的季节，蚊蝇的活动影响马匹正常休息，马匹也会因蚊蝇叮咬，产生皮肤过敏的状况，导致马匹极度瘙痒，皮肤脱毛等现象，还会引起一些寄生虫病和传染病。还有几种苍蝇会在马匹身上产卵，并经口进入马匹胃内繁殖。因此，要采取有效的措施控制蚊蝇，包括定期进行马场环境消毒，提高清理马匹粪便排泄物的频率，提供良好通风环境，增加风扇，蚊蝇较多的时段(早晨 7—9 点，傍晚 4—6 点) 帮马匹涂抹防蚊液等；针对蚊虫过敏的马匹，可以考虑帮它穿上防蚊衣。

三、冬季马匹护理

(一)冬季马匹常规护理

马匹夏、秋季节在水草丰盛的草原上放牧时,能快速增重。膘情好的马匹,严寒的冬天粗放条件下,可以刨雪觅食,吞雪解渴,安全过冬。但对于怀孕母马、马驹、瘦弱病多的老马却可能难以过冬,甚至因为饲养管理不到位而死亡。秋末冬初,在放牧区草量减少、草类枯萎以及毫无营养价值时,要及时观察马匹膘情、身体状况,尽早进行圈养,调整饲料、饲草结构,根据需求供给干草和高能量饲料。

1. 做好饲喂,提高马匹抗寒能力

一般每年7—8月牧民们开始收集马匹冬季饲草,这些饲草是马匹冬季的主要草料。一匹马每天需要4～5 kg的长干草,每日早晚饲喂2～3次,白天基本上在马厩周围自由采食。在过度严寒天气根据需求,饲喂适量的燕麦。燕麦容易消化,产热量高,燕麦是马匹冬季最好的精料,在寒冷的冬季,饲喂适量的燕麦有利于马匹抗寒。

2. 做好厩舍保暖

冬季应为马匹提供供暖的厩舍,加强保暖、减少热量损失,厩舍应该向阳避风,采光良好。

3. 保持马厩清洁卫生

定时清扫马厩,及时更换垫料,在晴朗天气,勤开门窗,保证马匹能呼吸到新鲜空气,以及防止呼吸道疾病的发生。

4. 提供充足的饮用水

因冬季马匹吃的都是干草,水分含量低,马匹一天大概需要水30～50 L,应每天供给足量饮用水,并确保饮用水干净卫生、不结冰。条件允许的话,喂温水、加盐或添加电解质,以增加马匹饮水的摄入量。

(二)冬季马匹特殊情况处理

对于冬季粗放的马群,要及时查看饮水、放牧情况,供给干草和食盐。对马群里体弱、消瘦、预产期将近的母马进行圈养,以防发生经济损失。

1. 适时适量增加草料

首先冬季可以确定大部分的马需要提供更多的草料,因为冬季极低的环境温度易导致马匹大量的能量用来抵御寒冷,所以需要提供更多的草料。毛发短的、脂肪少的、体型小的马比毛发长、脂肪多、体型大的马更容易丢失热量,更需要增加草料。而且寒冷会降低幼驹的成长速度,为确保幼驹生长不受严寒影响,需要提供更多能量来抵御寒冷。但是,如果马平时运动量很大,已经提供了大量的草料或者精料,而在冬季马匹运动量明显降低,同时马大部分时间在温暖的马厩,出去自由活动还穿着马衣的话,草料不需要增加,甚至需要降低精料量。

2. 适时适当调整草料

冬季是否应该增加草料,可以根据经验调整草料,同时定期监测马匹体重或体况评分。如果马匹出现10 kg以上的体重变化或体况评分明显发生变化,就需要调整草料饲喂量。

3. 冬季增加干草还是增加精料

国内许多马场、俱乐部的精料饲喂量都是超标的，饲喂大量精料容易导致胃溃疡、大肠菌群失衡、蹄叶炎等问题。据权威资料研究，一匹 500 kg 的马，每顿精料要少于 1.5 kg。许多养马人对这个数据不以为意，因为他们单次喂的精料高于 1.5 kg，但并没有发现马出现问题。建议这些马场用内窥镜或 succeed 测试板等工具来查一下马的胃肠健康情况，就明白他们的做法不科学了。

如果担心减少精料量马匹能量摄入不足，可以适当增加精料中植物油的量，油能量密度高，不产生乳酸，缓慢释放能量，是提高能量摄入的好办法。油每天最多不能多于 1 mL/kg，而且要少量多次摄入。

马是天生的食草动物，冬季提供优质的青干草对马来说没有任何问题，而且草在采食、消化过程中需要消耗更多时间，肠道微生物降解干草也需要更多的时间，因而产热更多。需要注意的是，马每天至少有 16 h 的时间采食食物，冬季夜长，多加夜草确保夜草的供应也非常重要。

4. 其他注意事项

(1)忌冰冻饲料，精料拌料少放水或放温水，拌料后尽早饲喂。

(2)冬季盐砖太凉，易引起盐摄入减少，可以用松散盐块替代盐砖，或在精料中增加盐量。

(3)寒冷多风潮湿环境需增加草料量。

(4)马匹冬季毛长容易掩盖体重降低的事实，定期做体况评估、称重。

5. 烤背

烤背护理主要是在冬日进行。冬季结束了一天的训练，可以给马匹增加烤背护理，缓解马匹背部肌肉疲劳，减少肌酸的生成，尤其对腰不好的马匹，保健作用更明显。

子任务 7　马匹常见病的护理

一、脓疮

一种因为感染而形成会疼痛的肿块，主要形成的位置是在皮肤之下。治疗时可使用热敷加压，促使脓包破裂，使脓汁流出。若是该脓疮存在的时间很久了，可以叫兽医进行开创引流。当脓疮自行破裂或被动引流时，使用一些软膏涂抹在周围的皮肤上作为保护用。使用生理食盐水尽可能地将脓疮中的物质冲洗干净，再涂上含有抗生素软膏或使用兽医给予的药物。马蹄脓疮见图 4-57。

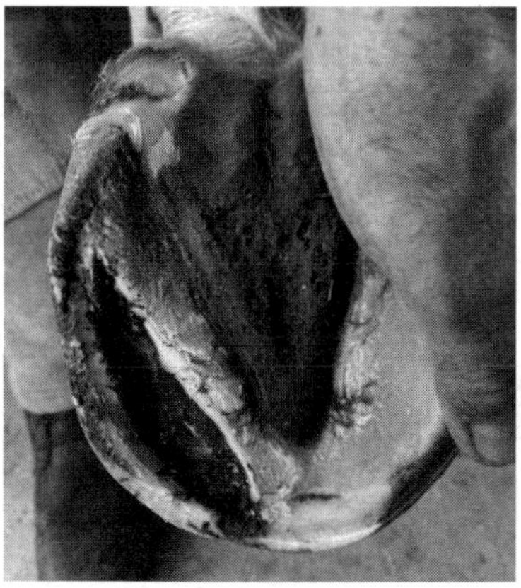

图 4-57　马蹄脓疮

二、贫血

如果一匹马表现迟钝、无精打采、嗜睡、口腔及眼睛周围的黏膜呈现苍血时，该马匹就需要抽血检查一下有没有贫血的发生。

三、关节炎

因为磨损或撕裂伤而造成关节的发炎，大多数发生在较年老的马匹。通常在兽医的治疗下，是可以被控制的。一般使用草药或另类医学的方法来处理。

四、慢性阻塞性肺病

马匹的呼吸道被增厚的黏膜阻塞缩小，使得呼吸能力减弱。这是因为马匹对草料、草秆或是塑料过敏造成的，此时马匹必须移动到没有灰尘的环境中，而兽医此时常会给予一些抗组织胺及支气管扩张剂等药物。

五、鸡眼

蹄底因为压力性的脓疮或挫伤，易导致马匹跛行或疼痛。不良的蹄铁或太久时间没有进行修蹄、换蹄铁，确切的疼痛点是不容易发现的。把蹄铁拆除，兽医会切去可能引起疼痛的蹄角。湿敷药物可以使感染控制，同时该马匹需要穿上使压力减少的特殊蹄铁。

六、咳嗽

可能是过敏或病毒感染的一种症状，同时也会有其他的症状产生。需要专业的诊断才能找出原因。

七、蹄肿裂

常发生在潮湿泥泞的环境，使得蹄后踵发炎及周围皮肤增厚，使蹄子保持干燥及持续这样的环境可以预防本病，当蹄肿裂发生时，使用含有抗生素的软膏可以治疗。马匹蹄肿裂见图 4-58。

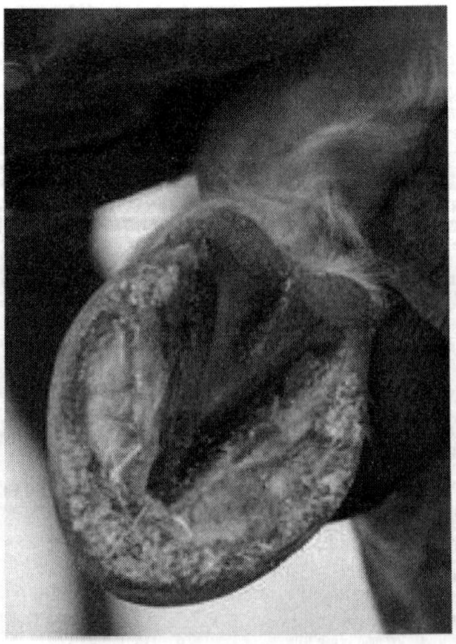

图 4-58 马匹蹄肿裂

八、退化性关节炎

这是关节受到长期压迫引起退化的一种关节炎。

九、脱水

可能发生在下痢之后、炎热的天气或是激烈的比赛之后，此时马匹需要补充失去的水分、盐分、矿物质等。脱水的检查方法是将马匹的皮肤拧起后无法自行回复(参照夏季马匹护理内容)。脱水严重时，可能会造成马匹氮尿症或是无尿症发生。

十、流行性感冒病毒

流行性感冒病毒症状包括高热、鼻腔分泌物增多、咳嗽以及颚下淋巴结肿胀。传染性很高，但是可以经定时的疫苗接种来预防。

十一、霉菌感染

马匹皮肤上可见无毛、圆形、皮肤变厚且持续往外扩散的状况。当马匹发生本病时，马场内的物品及所有的设备都要消毒，以免二次感染。马匹有霉菌感染时最好不要移动，可使用含抗生素或抗霉菌的洗剂治疗。

十二、鞍伤

因不良的缝线或装备引起的肿胀或极敏感的部位，必须要找出引起不适的原因并移除。一般鞍伤复原后，生长出的毛发大多为白色的。马匹鞍伤见图 4-59。

图 4-59　马匹鞍伤(图中白色区域)

十三、跛行

因为马匹身体的疼痛，而造成马匹移动的不平衡，在快步时尤其明显。跛行的程度通常反映出疼痛的大小，也反映出受伤程度的状况。有些跛行的原因，如受伤，是很显而易见的，但是有些则需要兽医来进行检查判定。如果经过一连串的病理学检查仍无法确定造成的原因及位置时，兽医会利用其他的方法来帮助诊断，如局部神经麻醉、超音波检查、放射线学检查、骨骼扫描等。

十四、马虱

马虱是一种小型的体外皮表寄生虫，会引起皮肤红肿脱皮。通常发生在身体状况不佳或是疏于照顾的马匹。只要用抗马虱的洗毛精加以洗清即可，但是马匹的装备及物品均要加以消毒，以免二次感染。

十五、淋巴管炎

马匹淋巴管的发炎，常发生在当马匹关在马厩中没有工作或运动，却喂食大量极营养的饲料时。马匹的肢体会肿胀及胀大，此时要让马匹持续行走以助循环，用冷水冲洗肿胀的肢体。要在马匹休息的前一晚及当天减少喂食量，以预防淋巴管炎的发生。

十六、皮肤病

马匹四肢下部的皮肤病，是一种名为 Dermatophilus 的细菌所引起的，常发生在潮湿且泥泞的环境，所以叫作 Mud Fever。预防的方法是当马匹要到类似环境运动时，先用一些凡士林类的软膏涂抹。治疗时必须用含抗生素的洗剂将皮痂洗去，之后要轻柔地将受影响的区域弄干。如果在马匹身上发现类似的病征，就称为“Rain Scald”。

十七、周期性失明

俗称夜盲症，这是一种眼睛的疾病，会突然发生而且复发的机会很大。该病会造成马匹角膜突然变白且混浊，瞳孔收缩，眼睛其他部分发炎，导致马匹失明，目前没有明确有效的治疗方法，只有兽医及早介入治疗才可以避免进一步的损害。

十八、追蹄

马匹后蹄在运动时，常追击前肢的后踵部，对后踵部造成伤害。可以使用一些护具作为保护，尤其在快速运动或跳跃时尤其需要。治疗时，一定要保持伤口的干净，如果伤口上有大量的砂石，则先用消毒药水或生理食盐水清洗伤口，再涂上抗生素软膏保护。如果伤口很深很大或是肢体肿胀的很严重，则需要请兽医来处理，若不及时进行专业处理易造成更严重的伤害发生。

十九、蹄内脓包

蹄内脓包是很常见的状况，多是因为蹄底发生了穿刺伤口而引起的。马匹会突然跛行且蹄的温度会升高。兽医会将脓包切开，将脓汁引流出来，用消毒药水每天冲清 2～3 次，直到所有的感染情形消失，而且蹄底要包扎起来，保持清洁。之后，伤口可以用浸泡过抗生素药水的棉花球塞起来，也可以使用糖和碘酒混合的软膏涂在周围，使蹄子变硬。

二十、马蹄疽

马蹄疽又称化脓性蹄软骨炎，指的是蹄冠的感染，主要是由受伤或穿刺所引起的，会有明显的肿胀、发炎及疼痛。兽医常用抗生素加以治疗。

二十一、蹄裂

因为受伤或是蹄子没有受到良好的照顾,易造成蹄子上有垂直的蹄裂。蹄裂需要钉蹄师细心的处理,可能会将裂缝钉起来或是用合成的软胶充填,直到新生的蹄生长出来。马匹蹄裂见图 4-60。

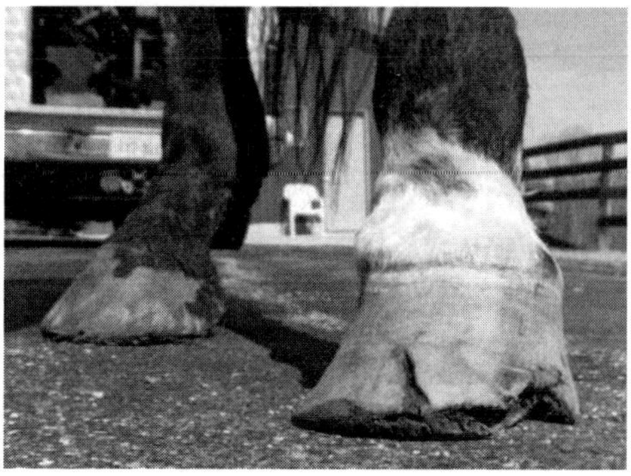

图 4-60　马匹蹄裂

二十二、蹄匣分离

蹄壁与蹄底分离,往蹄前方翘起,类似种子的外皮及果核分离。如果蹄内敏感的组织发炎,就会引起跛行。修蹄师或兽医会切除死掉的蹄壁,并加以涂药包扎。

二十三、马腺疫

一种常发生在小马或刚离乳马的高度传染性疾病,会引起腺体的发炎。常伴有高烧、呼吸困难、大量恶臭的鼻腔分泌物,是由一种名为马链球菌的细菌引起的,感染马匹及驴等动物。治疗方法包括隔离、严格的卫生管理、热敷促进受感染腺体引流及抗生素治疗。应注意受感染马匹的腺体及鼻腔分泌物是具有高度传染性的。

二十四、库蚊叮痒综合征

由蚊或蠓咬造成对皮肤的刺激,进而造成马匹持续摩擦鬃毛的中心或是尾巴的根部。在早晨或是黄昏蚊蠓最多的时候,对于关在马厩中的马匹做好防蚊措施,可使用一些防蚊虫的液体或捕蚊器等。

二十五、破伤风

每一匹马匹都要定期注射破伤风疫苗,破伤风杆菌会经由外伤侵入,进而伤害神经系统。破伤风的症状为马匹僵直、抽搐、肌肉震颤、拒绝吃喝。此时必须尽早请兽医治疗。

二十六、腐蹄

蹄叉的感染,常发生在马匹长时间站立于过度潮湿的马厩或是泥泞的环境。受感染的区域有股很难闻且很难忘的气味。马匹蹄子必须立刻移到干燥的环境,并将受感染的蹄叉削去,使用抗腐蹄的药水,使蹄子加速干燥。

二十七、寄生虫

马匹会感染各种各样的寄生虫，主要取决于季节、马匹年龄，以及马匹存在的区域等。预防的方式就是良好的马厩管理及定时的驱虫，寄生虫感染有时候是致命的，所以控制好体内寄生虫是很重要的。

子任务8　孕期母马护理

一、知识点

（一）怀孕母马生理特点

孕期母马腹压降低，腹内空腔，异常疲倦口渴，所以应用干净的抹布刷拭母马，用按摩刷按摩全身，有利于母马缓解疲劳。同时孕期母马会因为沉重的胎儿而变得很少活动，由于其沉重的腹部会选择站立，而不是卧下，因为腹部的压力迫使其难以呼吸。同时食欲也会降低，注意观察母马的进食情况，如果进食量减少超过10%，需要保证母马摄取到足够的蛋白质、矿物质和能量来维持她的体重以及保证腹中马驹的正常发育。怀孕母马见图4-61。

图4-61　怀孕母马

孕期母马在分娩前的最后1个月，母马体内的激素会发生变化来应对即将发生的分娩。

（二）母马即将分娩发生的变化

即将分娩的母马乳房水肿、充盈，然后逐渐增大。腹部看起来更加褶皱，没有下垂，从正面看时腹部没有向侧面突出太多。当小马驹移动到分娩位置时，就会发生一些变化：从后面看，臀部变得非常柔软和放松，尾巴基部更加突出，阴道会拉长。尽管乳房水肿是正常的，但许多母马的后腿也会出现水肿。在极端情况下，肿胀还会沿着腹部出现，有时甚至向下胸部延伸，这可能是由于子宫对静脉和淋巴系统的压力所致。即将分娩的母马见图4-62。

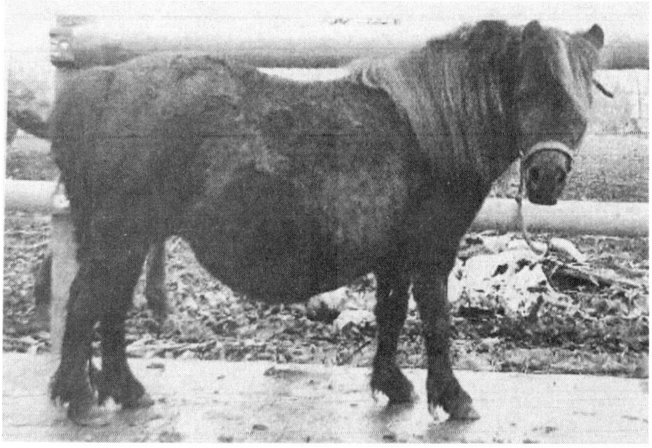

图 4-62　即将分娩的母马

(三)母马即将分娩时的监测时间

母马平均妊娠时间为 340 d,但实际可能相差 20～25 d,这是正常的。为了预防母马有早产驹或晚产驹的情况,应该在“预产期”的前两周开始监视母马。母马的乳头末端发白的现象,通常发生在产驹前 24～48 h。但是在某些母马中,这种情况可能会在产马驹前 1 个月出现,这就需要根据母马实际情况决定监视开始时间。最初监视马匹完全依靠人工,需要饲养员一直陪在母马旁边,这非常耗费人力,同时,有人的干扰易导致母马延迟产驹。

康奈尔大学于 1989 年的一项研究发现,怀孕后期母马的体温最低时间为上午 7 点,下午和傍晚的温度略有上升。产驹的前一天,研究中的所有 22 匹母马均未显示出当天晚些时候温度升高的现象。因此监测直肠温度可以帮助预测出生时间。如果马场资金富裕,能负担得起昂贵的远程电视监视系统,代替马工的陪伴,就可以节约劳力。否则就要执行每天 2 次的体温测量,乳汁测试套件以及在马房中使用监护仪相结合,将帮助减少母马陪伴时间。如果通过乳汁测试发现颜色快速变化且钙含量较高,就可以准备包裹母马的尾巴,迎接马驹的降生。

(四)母马分娩注意事项

一旦母马从生产中恢复过来并站起来,其可能会极力保护马驹,甚至将人从马房中赶出。如果母马有任何威胁行为的迹象,不要低估它的攻击力,应马上离开马房,即使认为母马或马驹可能会出问题,也要等待兽医到达。

二、孕期母马护理

(一)母马妊娠最后一个月的护理

1. 计算预产期

准确预测母马产驹日期,是做好生产准备的第一步。不同母马妊娠时间会有差别,一般认为妊娠母马的妊娠期为 320～365 d,平均 341 d。

预产期是最后一次配种日期加上妊娠日期计算的,所以做好每次配种记录是十分重要的。当我们预测出马驹大概出生日期之后,就可以做相应准备了。

2.准备产房

干净、温暖的一般马房即可作为产房。条件允许的情况下产房应尽量宽敞，以 3.5 m×5 m 以上为宜。产前母马敏感不安，可能会出现类似疝痛的表现，如徘徊不安，刨地，打滚等，宽敞的马房为母马提供足够空间，同时也方便工作人员进行助产。墙壁光滑且无突起，垫料使用稻草，因为稻草不会粘在小马驹身上，地板应该选用无尘材料，如橡胶垫。母马需要足够的时间来产生对于马房常见细菌和其他生物的抗体，这些抗体将通过初乳传递给马驹。至少提前一个月，将母马转移到将要生产的马房。母马产房见图 4-63。

图 4-63　母马产房

母马分娩多发生在夜深人静的时候，且以 22—24 点居多，所以产房要安装照明灯。照明灯能够调节亮度最好，一般情况下微弱灯光即可方便观察马匹情况，紧急情况下能够增加亮度方便工作。

3.准备马驹用品

温和的液体肥皂，3～5 条大毛巾，1 条小毛巾清洁乳房，盛碘酊的小塑料杯。

4.随时观察母马

为方便观察母马，可在产房安装摄像头，或安排专人夜间值守。

5.联络兽医

至少有 2 名附近兽医的联系电话，既可以定期检查母马健康状况，有无分娩预兆，又可在紧急情况下及时联络获得支持。

6.做好助产准备

接产人员要熟悉母马分娩规律，最好能够识别分娩预兆，必要时进行助产。

7. 提前准备好冷冻的初乳

当母马不能生产出足够或优质的初乳，或小马驹没有喝足够量的初乳时，就可以使用提前准备好的冷冻初乳。

8. 仔细照顾母马

即将分娩的母马可能会踢马房，踢肚皮并回头看腹部，这可能是肠绞痛。由于母马无法用语言表达，因此不确定母马为什么不舒服。这种情况可能与子宫的收缩，小马在体内的运动有关，母马只要吃喝活动正常，就只需要保持对母马的关注，或者打电话询问兽医，这种状况大多数都可以自行解决。如果母马看起来有点不舒服或烦躁，或者脉搏超过 40 次/min，一定要告知兽医来处理。若母马发生碰撞，需要兽医进行检查。如果粪便量减少，变干或有黏液，或者母马的饮水和对干草的食欲下降，则怀疑是肠道问题。观察母马是否经常滚动，如果有则表明腹部疼痛更加严重，这可能意味着肠道问题或子宫扭曲，应请兽医来处理。

9. 接种相关疫苗

产驹前一个月，母马也需要接种必要的疫苗。因为幼驹免疫力主要从初乳中获得，所以在预产期前 1 个月，给母马打相关疫苗，可以通过初乳提高幼驹对相关疾病等的抵抗力。疫苗包括破伤风类毒素、马流感、马鼻肺炎、狂犬病等，除此之外，还可以接种兽医建议使用的其他提高母马初乳中的抗体水平的疫苗，具体操作需要咨询兽医。

10. 准备马驹预防针

在产驹前准备好要给马驹注射的预防针。

11. 产后驱虫

产后 2～3 d 对母马驱虫，可减少环境和乳汁传播寄生虫的风险。

(二)母马分娩护理技术

1. 分娩过程的护理

(1)第一阶段在分娩前的最后几个小时。有些母马几乎没有任何征兆，有些母马则表现出不同程度的紧张，轻度的躁动，频繁的排便、出汗、打响鼻、向后看，以及向腹部踢。它们可能拒绝进食，挑食或正常进食，乳汁可能开始从乳房流出。此时，应该将母马的尾巴包裹起来，以免母马变得不舒服而无法站立。

(2)第二阶段收缩，将持续 20～30 min。收缩是不舒服的，母马通常会烦躁、出汗。剧烈收缩时会伴随着躺下，并开始分娩，如果母马这时想滚动，请勿干涉，这通常是一种本能的方式来重新定位小马驹，以便于分娩。但是，如果其连续滚动几分钟，还不停下来，就让母马站起来并走动，同时及时通知兽医。

(3)分娩开始时，会看到小马驹的脚从阴道伸出。此时，它们可能仍处于充液的羊膜囊内，或者囊可能已经破裂，以强烈的涌出状态释放出液体。随着母马用力，小马驹的脚实际上可能伸出到膝盖或更高的水平，并且会看到鼻子搁在前腿上。当收缩停止时，脚可能会稍微缩回母马的体内，这是正常现象，无须担心。如果母马在没有小马驹前进的情况下有 3～4 个非常强烈的收缩，那么有接生马驹经验的护理员可以在收缩过程中抓住其前脚并轻轻地左右旋转马驹，然后在脚上施加拉力，拉一条线与母马飞节的上线(与地面成 45°)平行。这通常可以帮助马驹的骨盆更容易地通过产道，可以看见马驹鼻子后，检查其有没有黏膜或黏液。

有少量母马可能会在分娩时站立，甚至以这种方式分娩马驹。如果母马明显收缩但不愿意躺下，这时人和母马同在马房里，人应该离开母马几分钟，因为一直注视，可能会使母马不急于躺下。如果离开不起作用，并且母马开始站着分娩，就必须抓住小马驹，以防马驹受伤，脐带过早撕裂或膀胱破裂，这时需要两个人的帮助，大多数小马驹重约 40 kg。当马驹出生时，用毛巾将小马驹的身体包住，随着分娩的过程将其轻轻地放到地面。但应始终注意脐带，以确保未将其拉紧。

(4)第三阶段是胎盘的排出。小马驹出生后子宫继续收缩，易导致胎盘被排出，这可能需要几分钟到几小时。如果母马站起来，并且阴道上没有胎盘悬垂下来，不要拉扯它，应在胎盘上打一个结，使其自行脱落。如果胎盘在出生后 1 h 仍未排出，应由兽医处置。母马分娩过程见图 4-64，母马分娩后排胎衣见图 4-65。

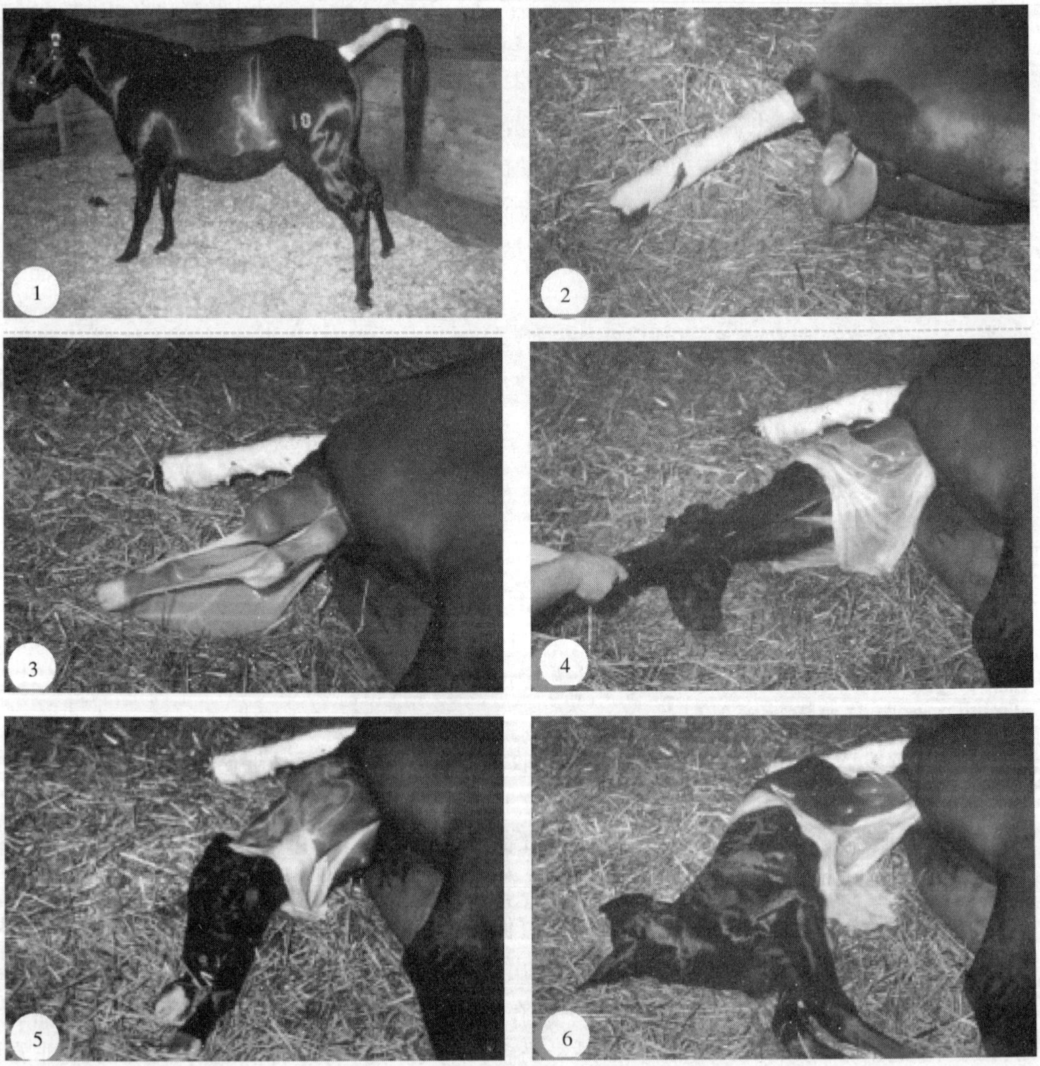

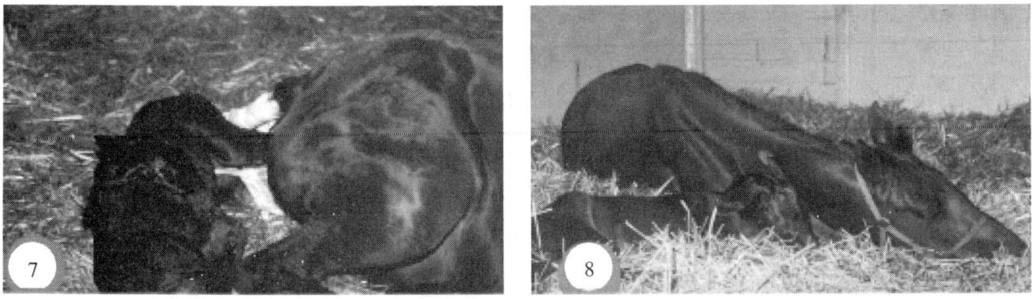

图 4-64　母马分娩过程

1.母马的尾巴包裹；2.母马卧下，马驹的脚从阴道伸出；3.前马蹄伸出到膝盖，鼻子搁在前腿上；4.双手拉前蹄，拉一条线与母马飞节的上线平行；5.拉出马驹头时，用手托住马驹头，除去口鼻黏液和黏膜；6.母马自然分娩到马驹后腿出来；7.马驹完全分娩出来；8.母马分娩完成

图 4-65　母马分娩后排胎衣

2.母马分娩出现以下情况必须联系兽医处置

(1)母马已经强烈收缩了 10～15 min，没有任何马驹的迹象。

(2)母马已经分娩了马驹的一部分，但在 3～4 次强烈收缩之后没有任何进展。

(3)看到红色组织从阴道突出。

(4)看到马驹的蹄子，脚底朝着天花板，两只蹄子在膝盖以上，但鼻子没有出来。即使一切顺利，兽医仍应检查胎盘，以确保没有残留在母马体内，对马驹进行快速检查，并检查母马是否有与马驹有关的生殖道损伤，并确保母马没有体内出血的迹象。第二天兽医可以检查小马驹的血液，以确保其从初乳中接受了足够的抗体。

3.其他注意事项

(1)母马分娩时，一旦马驹的身体和骨盆在母马之外，分娩就完成了。马驹的后腿在母马体内停留几分钟，则不会造成伤害。当小马驹或母马移动时，它们很容易出来。此时，让母马和小马驹安静地休息 20 min 左右。在此期间不能切断脐带，此时脐带通过连接将剩余的血液从胎盘泵入小马驹。当母马和小马驹开始四处移动时，脐带将自行分开，此时，将脐带残端浸入碘酊溶液中消毒。一般马房内饲养的母马分娩出马驹后，则采取距离马驹腹部 8 cm 处用剪刀剪断脐带，将脐带断端浸入碘酊溶液中消毒。

(2)除非马驹明显因寒冷而发抖，否则不要用毛巾擦干马驹。舔马驹是母马的第一个正式母亲行为，这个过程非常重要。马驹在落地后，将开始蠕动并用鼻子探索母亲的身体。母马会以可能从未听过的声音呼唤马驹。母马将抬起头看马驹，走向马驹。在此过程中，母马和马驹应独自待在马房中。但是，如果母马和马驹中的任何一方在分娩完成后的 5～10 min 没有显示出恢复的迹象，并且没有更多的活动，人就应该进入马房，检查牙龈的颜色，然后告知兽医。

(3)母马通常先于马驹站立，大多数马驹在找到自己的平衡之前，都会尝试几次站立，母马会鼓励马驹继续尝试。尽管马驹可能会在每次尝试之间稍做休息，但每次尝试都会比前一次尝试变得更加有力。如果马驹在分娩后 1 h 左右后仍未站立，一定让兽医处置。

(三)产后母马的护理技术

母马分娩完毕后，厩内要保持安静，不能惊扰母马，在产后半个小时，用热水把麸皮调制成稀粥，放少许盐，最好再放入些胡萝卜块，让母马边喝麸皮汁，边吃胡萝卜，可以消除口渴，促进泌乳。随时清除污秽、潮湿垫草及粪便，更换新鲜的垫草。保持产房内的干燥、清洁，还要防止贼风侵入。不可以让母马在马房檐下或马房内有过堂风的地方休息，以免招致风寒，严重的可使母马瘫痪，幼驹下痢，甚至死亡。

子任务 9　新生马驹的护理

做好初生马驹护理，对提高幼驹成活率，保证幼驹生后良好生长发育有积极意义。

一、擦黏液

幼驹产下后，护理人员先用干净的布将马驹口鼻中的黏液擦去，以免妨碍呼吸。如果母马能及时舔干净马驹身上的黏液，则不用人去擦拭黏液。母马舔马驹身上的黏液见图 4-66。

二、断脐带

对不能自然断脐的马驹，应尽快人工断脐，并严格消毒包扎。擦干幼驹身上的水分，去掉蹄底的软角质成平面，利于站稳。将马驹安置在有干净垫草、温暖干燥处，以防感冒。幼驹生后 0.5 h 或 1 h 的时间就能自行站立起来。若是站立不稳最好有人看护，防止跌倒撞伤。马驹站立见图 4-67。

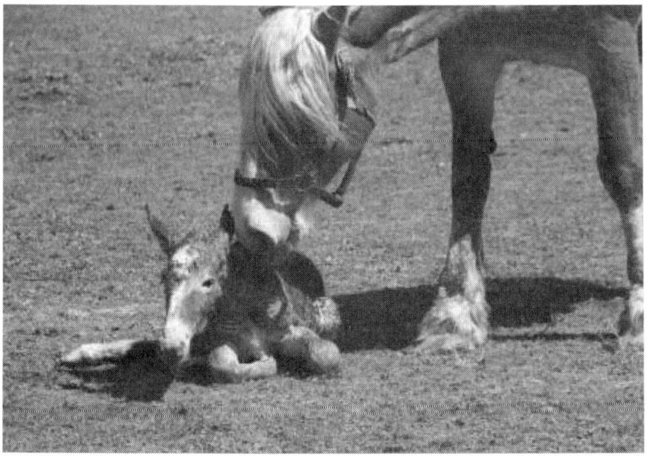

图 4-66　母马舔马驹身上的黏液

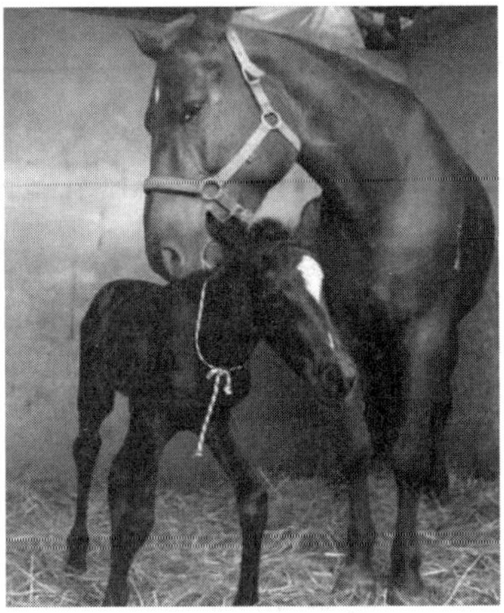

图 4-67　马驹站立

三、吃初乳

初乳含丰富的蛋白质、矿物质、维生素及抗体，在母马怀孕的最后一个月，马驹生长会变得迅速，并且会调整在腹中的位置以便分娩。待马驹能自行起立后，应扶持接近母马，尽快吮吸母乳，利于增强初生驹抵抗力和排出胎粪。哺初乳通常需要一些时间才能实现，初次生产的母马可能对马驹喝奶感到不安，马驹必须先找到乳房，然后在哺乳时弄清楚如何保持平衡。不要急于去帮助马驹，马驹通常会在接下来的 1 h 内自行解决。如果小马驹迷失方向或呆滞，并且不愿意尝试哺乳，应告知兽医处置。在马驹吮吸前，应先将母马乳头用温水洗净，并将乳房内积存的乳汁挤出少许，防止马驹吸后腹泻。马驹哺乳量应少量多次，切忌一次多食。出生 3 d 的马驹，通常每 20 min 哺乳一次。马驹吃初乳见图 4-68。

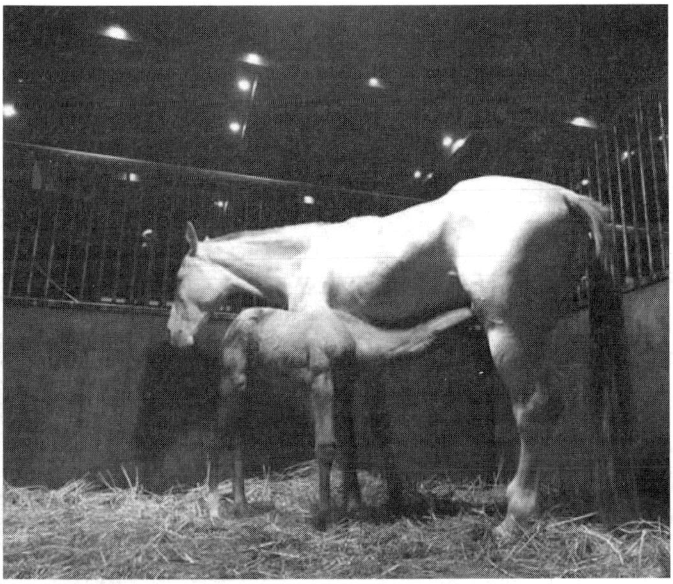

图 4-68　马驹吃初乳

四、排胎粪

注意观察马驹的排便、排尿情况,然后进行护理。如果马驹很难排便,给它灌肠。如果马驹艰难排出几滴尿液,应告知兽医处置。

五、进行破伤风防疫注射

如果母马是按照常规进行了疫苗接种且母乳正常,那幼驹在 3～4 月龄暂时不需要接种其他疫苗。通常情况下疫苗接种为东/西部脑炎、流感、破伤风 4 种。

六、适当活动

马驹生后 4～5 d 开始,在天气晴朗时,让马驹随同母马在舍外活动,有益于增强体质和健康。

子任务 10　受伤马匹的护理

一、准备工作

为了安全起见,进行马匹现场急救时,最好能够采取去除疼痛因子的方式,将马匹用笼头或是缰绳套住,两端由工作人员以双手固定,同时边说话边轻拍使马匹平静。检查后肢时,将尾巴移向侧边并朝下,也可以让兽医助理提起一只前脚以防马匹后踢;掐起颈部皮肤也可以当作紧急限制马匹动作的方式。无论使用何种方式,最重要的是,在一旁的助理一定要能够维持马匹的情绪稳定。

二、受伤马匹的护理

(一)止血

以笼头或缰绳使出血的马匹不乱动,当然最理想的状况就是由助理协助固定马匹,此时,马匹任何的移动动作都可能使出血加剧。如果伤口不断流血,则在兽医抵达前用布或包扎纱布直接加压来止血。若出血速度开始变慢,用干净的纱布直接加压持续 10 s,移开纱布,若出血仍未停止,则继续更久直接加压。如果重复几次上述加压步骤后依然流血不止,应先用干净的纱布及绷带包扎伤口,0.5 h 后再进行检查,若依然出血,再包扎 1 次,并通知兽医尽快赶到。马匹止血见图 4-69。

图 4-69　马匹止血

(二)伤口处理

冲去马匹伤口的污泥和碎屑后,以生理盐水加医用稀释抗菌剂喷洗(适当的冲力)伤口及周边。当伤口清洁后检查其大小,任何超过 2 cm 的伤口都需经过兽医缝合,小伤口则可以用药膏或喷剂处理,如果受伤区域适合包扎,可以使用灭菌纱布、一层敷料、自粘弹性绷带及胶带包扎。足部在包扎完成之后可以将护具包覆在外层以供防护,但最好是另一只脚也跟着套上护具以支撑平衡。另外,最好定期为马匹注射破伤风疫苗,预防感染。马匹伤口处理见图 4-70。

(三)淤血和肿胀的处理

马匹的撞伤、踢伤、拉伤及扭伤都应进行合理处置以预防肿胀,用冷水浇淋伤处是最简易的方法。从受伤处开始,慢慢浇淋整只脚,使马匹习惯水温,持续大约 15 min。另外,如果没有流动的水可以使用时,可以改用冰敷或冷敷药膏,冰敷时要小心,温度不要太低以免冻伤。冷水浇淋马腿伤处见图 4-71。

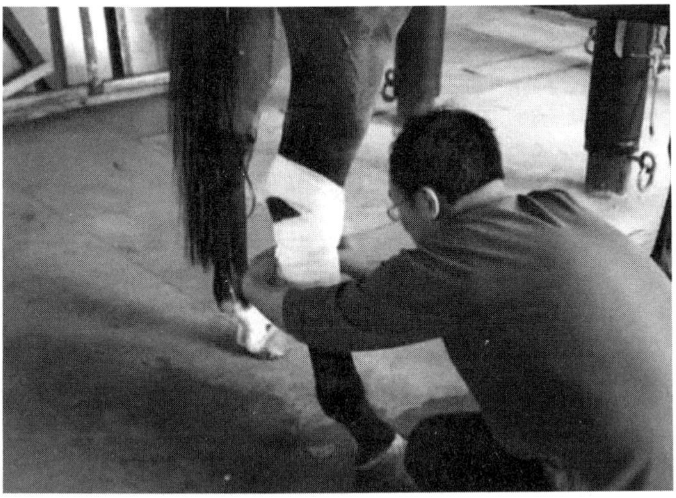

图 4-70 马匹伤口处理

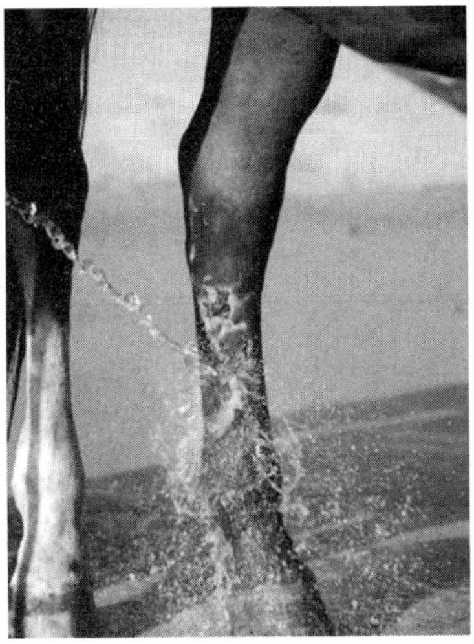

图 4-71 冷水浇淋马腿伤处

(四)敷药

敷药适用在马匹穿刺伤或脚伤,它能将伤口中脏污及感染排出,肿胀处如果没有创伤口则不适用敷药,而敷药用在接近关节处时要特别小心。使用时将敷药裁成适当大小,至于平板,用热水蘸湿数分钟,待它干燥后(最好的方式是用另一块平板压其上)外侧再包上一层塑料或黏性薄垫,置于患部时再加上一层有纱布包裹的棉花块,用自粘弹性绷带及胶带包扎。

如果没有适用的材料,足部的敷药可以用婴儿的尿不湿来固定,用宽胶带包扎于其外,可以帮助马匹行走时固定蹄底部的敷药,也可以用特制的靴子保持蹄部干燥干净。敷料应该每天更换 2～3 次,不应该使用太久,除非有兽医的特别嘱托。

马房应该常备马匹急救箱,马用急救箱中应该包含以下物品:马匹专用温度计、圆头的剪刀、听诊器、听筒、生理盐水、大容量的针筒,方便冲洗伤口;兽医用的杀菌洗剂,如碘伏;伤口喷剂,用在小的切伤或擦伤,通常喷剂会比粉剂好用;外伤用软膏,用在擦伤处或溃疡处;各式各样灭菌过的包扎用品;有纱布包裹的棉花块;马用的自粘弹性绷带;PVC 材质的胶带,便于固定置于马蹄上敷料;马匹护腿,用于支持没有受伤的肢体。马蹄敷药见图 4-72,马匹急救箱见

图 4-73,马匹急救药品、用具见图 4-74。

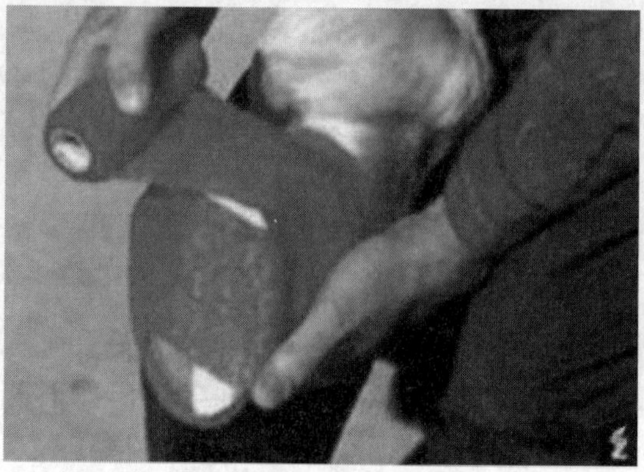

图 4-72 马蹄敷药

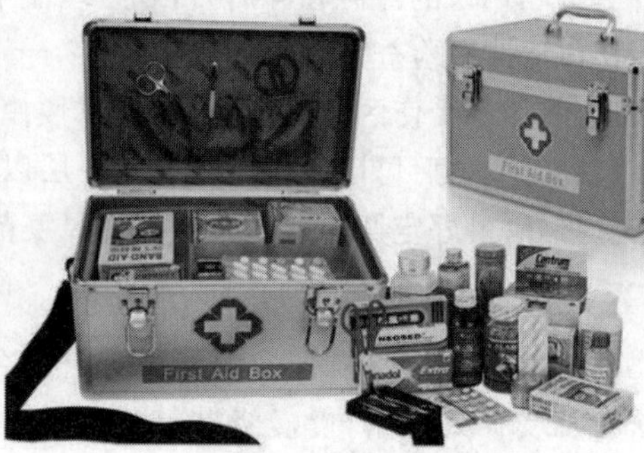

图 4-73 马匹急救箱

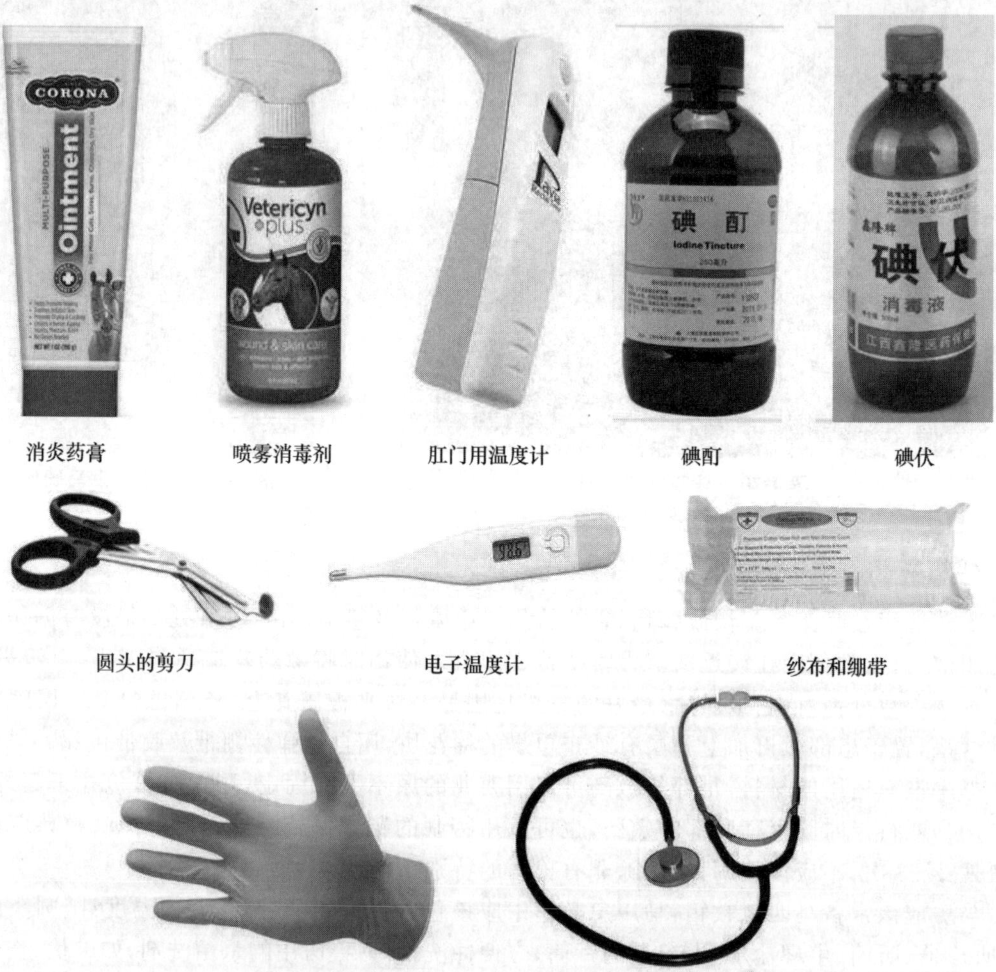

图 4-74 马匹急救药品、用具

(五)马匹关节护理

对健康马匹关节的日常保护，通常马营养师会建议运动马匹和工作强度较大的马匹长期饲喂保护关节的添加剂。刚开始选择这类添加剂时，应选择其主要成分为氨基葡萄糖和硫酸软骨素，它们是关节软骨的主要组成部分。而更好一些的添加剂，则是添加含有玻尿酸成分的，因为其与关节液成分非常相近。另外一些添加剂还会添加消炎成分，如乳香、斯兰和钩果草等草药，对关节的修复或阻止情况恶化能起到一定作用。

还有很重要的一个措施则是更换合适的蹄铁。一个好的钉蹄师会根据兽医的建议为马匹制作适合的蹄铁，以促进马匹的康复。而相反，不合适的蹄铁则会加重马匹关节的负担，甚至使病情恶化。

课后自测及相关实训

一、课后自测题

(一)填空题

1. 马匹被毛修剪的作用：提高马匹(　　　　)、有助于(　　　　)、有助于快速(　　　　)、出于(　　　　)目的。

2. 马匹被毛修剪的种类有：(　　　　)、(　　　　)、(　　　　)、(　　　　)。

3. 马衣按照材质不同可以分为：(　　　　)、(　　　　)、(　　　　)、(　　　　)、(　　　　)、(　　　　)、(　　　　)。

4. 马匹绷带的作用：提供(　　　　)和防止(　　　　)。

5. 马匹绑绷带的方法：当给外侧(右)马腿缠绷带时，按(　　　　)；另一侧(左)马腿则按(　　　　)方向；这样，每一条马腿上的肌腱和韧带都在同一方向上受到绷带的压力。

(二)排序题(将下面的内容按照正确的穿马衣步骤排序)。

1. 将马衣准备好，叠放成刚刚摘脱下来的形状。

2. 拿起准备好的马衣慢慢从左侧靠近马匹，要让马匹相信这只是没有任何威胁的一小包东西，并把它轻轻地放在马背的中间部位。

3. 将马前胸的带子扣好。

4. 然后扣好肚带，同时要确保肚带是平整而非扭曲的，不要让它擦疼马匹的肚子。

5. 把马衣上所有的带子轻轻地从马背上垂放下来。

6. 最后把左右两条后腿带交叉并固定好。

7. 给马匹戴上笼头。在整个穿戴过程中要一直牵住缰绳以便控制局面。

8. 向颈部方向打开第一层折叠的马衣，然后向后腰部打开第二层的马衣，现在马衣应该完全被铺展开了。

穿马衣正确的顺序号如下：________________________________

二、课后相关实训

1.学生在实训场反复训练被毛修剪、编辫子技术,互相拍视频并上传学习平台。

2.学生在实训场反复训练穿、脱马衣技术,互相拍视频并上传学习平台。

参考文献

[1] 姚新奎，韩国才. 马生产管理学. 北京：中国农业大学出版社，2008.
[2] 甘肃农业大学. 养马学. 北京：中国农业出版社，1981.
[3] 赵天佐. 马匹生产学. 北京：中国农业出版社，1997.
[4] 芒来. 轻型马饲养标准. 北京：中国农业大学出版社，2004.
[5] 付立志. 竞赛运动马匹的营养需要. 北京：中国畜牧杂志，1998(3).
[6] 孙玉江，曹雁行，芒来. 浅谈马的营养需要. 兰州：中国草食动物，2008(1).
[7] 陈绍语. 竞技用马的饲养管理. 新疆畜牧业，2012(7)：34-35.
[8] 张学军，邓秀才，吕志成. 马的饲养及管理. 中国畜牧兽医文摘，2014(12).
[9] 杨世忠，林代俊，王毅，等. 建昌马的饲养技术. 草业与畜牧，2011(11)：35-37.
[10] 毛培胜，刘克思，夏方山. 放牧管理与饲草生产在我国现代马业发展中的作用. 中国草食动物科学，2013(6).
[11] 刘少伯. 现代马业选集(第一卷). 北京：中国农业科学技术出版社，2007.
[12] 刘少伯. 中国马业论文集. 北京：中国农业科学技术出版社，2005.
[13] 王铁权. 现代育马. 北京：中国林业出版社，1997.
[14] 李云章，韩国才. 马场兽医手册. 北京：中国农业出版社，2016.
[15] 张金合，闫港. 马匹养护与疾病防治. 北京：中国农业大学出版社，2020.

参考文献

[illegible]